シリーズ 21 世紀の農学

大変動時代の食と農

日本農学会編

養賢堂

目　次

はじめに ……………………………………………………………………… 3

第1章　降雨パターンの変動と林地災害の激甚化 ………………………… 1
第2章　変動する海流システムと水産資源の持続可能性 ……………… 21
第3章　環境変動が雑草の生態や管理に及ぼす影響 …………………… 41
第4章　地球温暖化によって果樹の栽培適地はどうかわる？ ………… 59
第5章　塩からい水で魚と野菜を育てる
　　　　－乾燥地での持続的な食料生産をめざして－ ………………… 71
第6章　地球温暖化から家畜生産を守る －適応技術開発の取り組み－ …… 89
第7章　パイプライン用水路が持つ夏季灌漑水温の上昇抑制効果 …… 107
第8章　増大する作物病害虫の新興リスクにどう立ち向かう？ ……… 127
第9章　地球環境と食料・農業に関する国際的な科学と社会の
　　　　コミュニケーション ……………………………………………… 151

あとがき ………………………………………………………………… 169
著者プロフィール ……………………………………………………… 171

はじめに

三輪 睿太郎
日本農学会会長

　2017年8月末に米テキサス州を直撃し，甚大な被害をもたらした大型ハリケーン「ハービー」に次いで9月には「イルマ」がカリブ海から米フロリダ州を直撃した．
　9月8日にはメキシコでチアパス州沖を震源とするM8.2の巨大な地震が発生し，メキシコ国民は5000万人以上が被害を受けたとみられる．
　我が国でも台風，あるいは前線の長期滞留が九州北部ほか各地で記録的な豪雨をもたらし，前年，前々年に引き続き大規模な洪水や土砂崩壊が起こることが常態化したかのようにみえる．
　自然災害だけを見ても世界的に大変動時代に突入した感があるが，食料生産との関係はどうなのであろうか．
　国連食糧農業機関（FAO）が公表した世界農業白書（FAO, 2016）によれば，2016年の世界の予想穀物生産量は，主としてトウモロコシと小麦の生産増加によって2,200万トン（0.9%）増の約25億6,600万トンとなり，2015年を4,000万トン（1.6%）上回った．しかし，これは2015年の不作からの回復であることを見落としてはいけない．
　ブラジルのトウモロコシはエルニーニョに伴う乾燥で，2011以来の不作であったし，モロッコと南部アフリカでは干ばつ，フランスでは湿潤気候で小麦が不作（EUは1,650万トンの減産）となった．
　コメもインドネシア，マレーシア，スリランカ，ベトナムでは天候不順による

減産，オーストラリアは灌漑用水の不足で大幅な減産となった．

　FAO は気候変動に対する農業のレジリエンス（強靭性）が確保できないまま，従来の対応で臨まざるを得ない場合，食料安全保障に深刻な影響が及び，特に，飢餓率や貧困率が高い地域では何百万人もが直接の影響を受けると予測し，気候変動への適応策と緩和策のコベネフィット（共通便益）を最大限に高めるための農業および食料システムの大規模な変革が必要であるとしている．

　この問題ではすべての解決策が必ずしも「ウィン・ウィン」とはいかず，難しい選択を迫られる場合もある．経済的にも技術的にも可能な適応策を生み出すのは農学の使命であろう．

　本書は林業・水産業において直接的に顕在化した「大変動」の実態を知り，我が国，林業，水産業，農業のレジリエンスを高める農学の努力および国際的協調における努力を紹介するために 2017 年 10 月に開催したシンポジウムをもとに広範な領域にわたる専門家に執筆をお願いしたものである．

　シンポジウムの開催に対して関係学会からいただいたご協力と，執筆者各位に厚く御礼申し上げる次第である．

第1章
降雨パターンの変動と林地災害の激甚化

大丸裕武
国立研究開発法人森林研究・整備機構森林総合研究所研究ディレクター

1. はじめに

　近年，メディアでは毎年のように豪雨による土砂災害が報道される．現地のすさまじい被害の映像が"温暖化の影響"という言葉とともに語られることも多い．このような報道に接すると，日本の山ではいったい何が起きているかと不安に感じる人も多いと思う．気象庁によると温暖化による極端な気象現象の増大傾向はすでに顕在化しているとされる（気象庁, 2017）．またIPCCは今後私たちが直面する温暖化は，歴史時代に経験したことの無い規模ものになると指摘している．そのような人類史上経験のない気候変化が，とんでもない山地災害を引き起こすのではないかと不安に思うのは無理もない．以下では，温暖化で日本の山地の森林域で起きる土砂災害（以下，山地災害をよぶ）がどのように変化するのかについて考えてみたい．なお，山地災害は地震でも発生するが，本章では温暖化との関係に注目するため豪雨によって山地域で発生する土砂災害に絞って考察する．

2. 土砂災害の歴史からわかること

　IPCCなどが示す温暖化時の気候はスーパーコンピューターを使って計算されている．同じように，将来の山地災害の起こり方についてもコンピューターで計算できそうな気がする．しかし，災害の起こり方を予測するには，気候の平均的な状態ではなく，記録的な豪雨のような極端な豪雨の起こり方を知る必要がある．

近年の地球科学の成果は，大災害をもたらすような"気候のゆらぎ"の発生には，氷床の崩壊などが引き起こす海流の不連続な変化が鍵を握ることを明らかにしている（例えば，アレイ，2004）．しかし，現在の科学技術では，氷床の崩壊のような突発的な地学的事象を予測することは難しい．現在の気候シミュレーションは，地球の気候がどこに向かおうとしているのかを指し示すことは出来るが，その過程でどんなことが起こるかについては，"謎だらけ"というのが正直なところだと思う．また，山地災害は雨だけでなく土地の状態の影響も大きく受ける．環境問題の多くがそうであるように，山地災害も自然と人間との相互作用の中で理解するべきものであり，コンピューターで正確に予測することは困難である．

このような予測技術の現状を考えると，気候変化と山地災害の関係については歴史に学ぶことが重要になる．予測は無理でも，歴史から変動の規則性のようなものが見つかるかもしれない．日本でも記録がある時代については，筆まめな私たちの祖先が残した資料から山地災害の歴史的変遷を知ることが可能である．

結論から言うと，豪雨による山地災害の起こりやすさを決めるのは，豪雨の頻度ではなく，何よりも人間活動による植生の変化である．わが国の歴史時代の豪雨による土砂災害の起こり方を見ると，中世期から近世にかけての山林の開発によって土砂災害が徐々に頻発化し，江戸後期から明治期にピークを迎えたことがわかる．日本では近世期以降の土木技術の発達で，広大な沖積平野の農地開発が

図 1.1 （左）1913 年頃の滋賀森林管理署奥山北国有林のハゲ山荒廃の状況
（右）同国有林の 1983 年の状況（社団法人日本治山治水協会，2012 による）

可能となり，人口が急増して市場経済が全国に浸透した一方で，山林の過剰利用によって災害が多発化した（例えば，武井，2015）．江戸時代までの日本社会は木材だけでなく，耕地の肥料，生活の燃料など，基礎的資源の多くを山地の森林に依存していたため，人口の増大は山林の酷使に直結した．近世以降の人口の増大は過度な山林の利用を引き起こし，しばしば山地荒廃につながった．その代表例が"ハゲ山荒廃"で，近世以降の西日本や中部日本の花崗岩山地では過度な山林利用が原因で，森林はおろか表層土壌までもが失われ岩肌が露出した"ハゲ山荒廃地が"各地に発生した（図1.1）．植生と表土を失った山地からは，侵食や崩壊で多量の土砂が河川に流出して河床が上昇し，各地で洪水を引き起こしたことが様々な古記録から読み取れる（千葉，1991）．このような人間活動と山林の景観の変遷については，岡本（2017）が過去の絵図や写真をもとに詳しく解説している．

ハゲ山に代表される荒廃山地は明治後期以降の治山事業によって徐々に緑化が

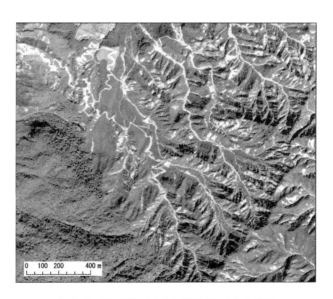

図1.2 宮崎県市房山の伐採地で発生した崩壊
1985年の林野庁撮影空中写真をオルソ化して作成した．

進み，今日では森林で覆われるようになったが，その過程は決して平坦なものではなかった．第二次大戦後には国土復興のための木材増産が急務となり，各地で森林伐採が進み伐採地で集団的な崩壊が発生したこともあった．図 1.2 は熊本・宮崎の県境に位置する市房山の伐採地で発生した崩壊の様子である．市房山では風化花崗岩という脆弱な地質条件も災いして，常習的に崩壊が発生するようになったことがわかっている（Saito *et al.*, 2017）．このような戦後の停滞期もはさみながらも，日本の山地は長期的には近世〜明治期にかけての荒廃した状態から少しずつ森林化が進められ，現在のような深い森林に覆われるようになった．

　以上のような歴史を振り返るかぎり，日本の山地災害の変遷は，降雨量の変動よりも森林の変遷の影響を強く受けていることがわかる．じつは，大きく見れば土砂災害の発生環境にとって決定的に重要な要因は降雨量よりも植生であることは世界共通の現象である．図 1.3 にはアメリカの地形学者が描いた北米各地の降水量と侵食量の関係を示した．これを見ると，侵食が最大となるのは雨の多い地

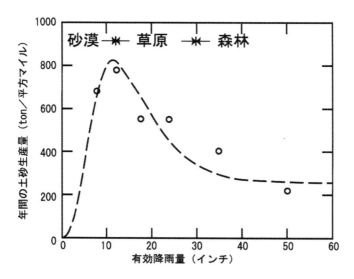

図 1.3 アメリカ合衆国の小流域のデータに基づく気候に沿った土砂生産量の変化
（大丸, 2009；原典は Langbein and Schumm, 1958）

域ではなく，年降水量が 300mm（11 インチ）程度の半乾燥地域である．これは，降雨量が多いと地表を覆う植生の保護効果も大きくなり，かえって侵食が起こりにくくなるためである．

このように，温暖化によって降雨が増えても，単純に土砂災害が増えるわけではない．ただし，それには，"われわれ人間が森林を著しく破壊しない限りにおいて" という前提条件が付く．日本のような地質的に脆弱な山地で，かつ多雨な気候条件下では，一旦，森林が破壊されるとむき出しになった地面が凍結融解などの風化作用や強烈な風雨にさらされることになり，急速に山地荒廃が進行する場合が多い．かつて熱帯地域の森林破壊による土地荒廃が深刻な環境問題として注目された時代があったが，日本でも乱開発による山地荒廃は 19 世紀までは，ごく普通に見られた現象である．

われわれは，土砂災害と土地荒廃を混同してしまいがちだが，本来両者は全く異なる概念である．荒廃は森林を含む持続的な環境システムが破壊されることで侵食や崩壊などの災害が起こりやすくなった状態を意味する．したがって土地荒廃の方が個々の災害よりもその影響は長期間かつ広範囲に及ぶ．荒廃現象は火山噴火などによっても引き起こされるが，多くは人間活動によって森林が破壊された時に起きる．災害を完全に無くすことは不可能に近いが，人為による荒廃は注意深い土地利用を心がけることで無くすことは可能である．温暖化を防止するうえで森林による二酸化炭素の吸収が重要とされているが，温暖化による豪雨の増大に備える際にも，まず注意するべき事は山地荒廃を起こさないことであり，そのためには森林の扱いが鍵となる．

3．国土の森林化による山地災害の減少

林野庁によると国内の森林資源はこの半世紀で 2.6 倍に増大したとされている（林野庁，2017a）．わが国の人工林は歴史上例のない蓄積量に達しており，その有効利用が課題となっているが，このような森林蓄積の増大は天然林でも起きている．図 1.4 は 2013 年に伊豆大島で大規模な表層崩壊が発生した斜面の写真である．この斜面は密な照葉樹林で覆われていたが，過去の空中写真の解析から，1976 年頃の樹高は現在の 3 分の 2 程度に過ぎなかったと推定されている（大丸，

図 1.4 2013 年の豪雨によって伊豆大島元町地区で発生した崩壊と土石流

2016).伊豆大島では 1960 年代まで首都圏向けの木炭の生産が盛んであった(大島町史編さん委員会 2001)ことから,植生高が増大した原因は 1960 年代以降の石油革命によって薪炭の生産が激減したためと考えられる.このように,森林蓄積の増大は人工林,天然林の双方で起きており,現在の日本人はたしかに森林飽和(太田,2012)の時代に生きていることになる.伊豆大島の崩壊はそうした状況下で発生したものである.

　国内の山地災害は数だけを見れば減少傾向にある.林野庁(2017b)によると,最近 5 年間(2012 年〜2016 年)の山地災害の発生件数は,年あたり 800〜2,000 件程度である.これは,例年 4,000 件を超える山地災害が発生していた 1980 年代よりも大きく減少している.この背景には上述したような森林被覆の充実が大きく貢献していると考えられる.その背景にある大きな要因は化学肥料や化石燃料の使用による,山林資源依存型経済からの脱却である.地球温暖化の最大の原因は化石燃料の消費による大気中の二酸化炭素量の増大だが,化石資源の利用によって森林資源への過剰な依存が無くなり山地災害が起こりにくくなったことも,忘れてはならない歴史的事実である.

4. 森林の防災力の限界

　上述したように，長期的な視点で見れば，現在のわが国では森林蓄積がきわめて充実しており，山地災害は起こりにくくなる傾向にある．それにもかかわらず，なぜ私たちは土砂災害が増えているような印象を受けるのであろうか．統計上は減っているはずの山地災害が増えているように感じる原因は，小規模な崩壊が起こりにくくなったために，発生する災害が極端なものばかりとなり，報道に際して非常に強烈な印象を与えるためだと思われる．

　極端な土砂災害の代表例は，岩盤が地下水の集中によって一気に滑り落ちる深層崩壊であろう．1999年に出水市で深層崩壊が発生した際には非常に珍しい崩壊として注目されたが，以後，2003年に水俣市で，2004年には徳島県阿津江で，2005年には宮崎県鰐塚山でと，毎年のように深層崩壊が発生し，最近では専門家も深層崩壊を決して珍しい現象と思わなくなった．2011年には太平洋側の各地で深層崩壊が発生したが，とくに9月の紀伊半島大水害では数多くの深層崩壊が発生し奈良県十津川村を中心に甚大な被害をもたらした（図1.5）．じつは深層崩

図1.5　2011年9月に紀伊半島で発生した深層崩壊

壊自体は決して新しい現象ではなく古くから繰り返し起きていた．1961年に長野県大西山で発生した深層崩壊は，斜面直下の集落を飲み込み42名の犠牲者を出している．ただ，かつては表層崩壊がきわめて多く発生しており，深層崩壊は災害研究者の意識の中では多数の崩壊の中の"特殊な崩壊"として埋もれてしまい，それほど注目されなかったのだと考えらえる．

　森林の根系が届かない深いすべり面で発生し，森林の効果が及びにくい深層崩壊に比べると，表層崩壊は表層の土壌層が崩れるため，森林の崩壊防止機能を期待しやすいし，実際に表層崩壊は減少傾向にある．ただ，森林の充実によって表層崩壊が減少したといっても，完全に姿を消したわけではない．最近10年間でも，2009年には山口県防府市で，2010年には広島県庄原市で，2013年には伊豆大島で（図1.4），2012年には阿蘇地方をはじめとする九州北部で，2014年には島根県津和野市，長野県南木曽町と広島市で，2017年には福岡県朝倉市周辺で表層崩壊が起きるなど，日本全体で見れば集団的な表層崩壊の発生は毎年に近い頻度で起きていることになる．表層崩壊は森林の根系による抑止効果が期待できるとされるが，完全に無くならないのはなぜだろうか．そのような場所では森林の機能が低下していたために表層崩壊が発生したのだろうか？

図1.6　2014年の広島災害で見られた筋状の崩壊

じつは，近年の表層崩壊の発生事例を分析すると，表層崩壊の中にも森林の効果が及びにくいタイプのものがあることがわかる．例えば，表層崩壊と同時に発生することが多い，谷埋めの土砂の流出による土石流も森林の効果が及びにくいタイプの災害である．図 1.6 は 2014 年の豪雨によって広島市で発生した崩壊地と土石流の写真である．この災害では写真のような非常に直線的な筋状の崩壊が多くみられた．このような直線状の崩壊の谷の出口では，沢沿いにあったとみられる樹木が侵食によって，根こそぎ洗い出されて流出している様子が見られた（図 1.7）．これらの樹木の多くは根系が付いたまま洗い流された形で流出しており，土石流で倒されたというよりも，もともと木が生えていた谷埋め堆積物と一緒に一気に流出したように見える．

　このような土石流は決して珍しいものではなく，広島市近郊の山地では過去から繰り返し発生し，山津波と呼ばれていた（天満，1972）．同様の土石流は 2014 年に長野県南木曽町でも発生した（図 1.8）．南木曽地区ではこのような土石流は古くから"蛇抜け"と呼ばれて恐れられてきた．地域によって呼び名は変わるが，同様のタイプの土石流は全国各地で発生してきたと考えられる．

図 1.7　土石流の堆積地の状況

図1.8 2014年に長野県南木曽町で見られた"蛇抜け"型の土石流

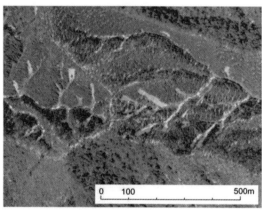

図1.9 広島市の荒谷山の1973年の国土地理院の空中写真
多数の樹枝状の崩壊が見られる.

　2014年の広島市の災害では，図1.6のような本流の沢沿いで土石流を引き起こすような直線的な崩壊の発生が多かったが，支流で発生した崩壊や，沢の両岸の急斜面の崩壊はそれほど多くなかった．しかし，過去の空中写真を見ると，この地域でもかつては，伐採跡地などで渓岸の崩壊や，樹枝状の崩壊が多数発生していたことがわかる（図1.9）．このような年代による崩壊発生形態の違いは，樹木の成長によって森林の崩壊防止機能が増大して支流や渓岸斜面の崩壊は起こりにくくなったため，2014年の豪雨では極端に水が集中する本流の谷底に崩壊が集中したと考えると説明がしやすい．

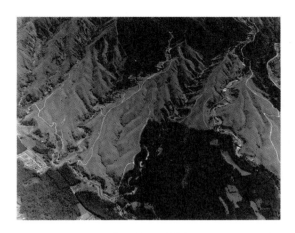

図 1.10 2001 年に阿蘇地域根子岳北麓で発生した表層崩壊

　森林の崩壊防止機能は，雨の降り方によっても変化する．図 1.10 は 2001 年に熊本県阿蘇地区の根子岳北麓で発生した表層崩壊群の写真である．2016 年の熊本地震で甚大な被害を出した阿蘇山だが，土砂災害の常襲地帯でもあり，10 年に 1 度程度の頻度で集団的な崩壊が発生している．2001 年より以前では 1990 年の豪雨によって多数の崩壊が発生し，地元では一宮水害とよばれて語り継がれている（大八木ら，1991）．図 1.11 は 1990 年と 2001 年の豪雨の際の崩壊地の分布を比較したものである．2001 年の崩壊は大部分が森林域以外（大部分は草原）で発生しているのに対し，1990 年の災害では森林域でも多数の崩壊が発生しているのがわかる．図 1.12 は崩壊地の面積を土地条件別に示したものである．これを見ると 1990 年の豪雨では森林域で発生した崩壊が全体の 4 割近くに及ぶ．この地域では森林域の割合がそれほど大きくないことを考えると，1990 年の豪雨では森林と草原とで崩壊が発生する確率はほとんど変わらなかったことがわかる．言いかえれば，1990 年の豪雨では森林の崩壊防止機能が発揮できなかったことになる．この原因は，主として雨の降り方の違いに原因があると考えられる．図 1.13 の阿蘇乙姫と阿蘇山の降雨量のグラフに示したように，2001 年の豪雨時には最大で 80mm を超える時間雨量があり，短時間で非常に強い雨が降ったが，総雨量は

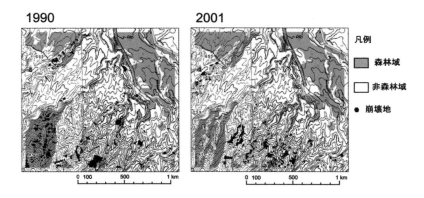

図 1.11 根子岳北麓における 1990 年と 2001 年の崩壊の分布の比較

500mm に達しておらず，この地域としては珍しくない降雨である．一方，1990 年の降雨は，ピーク雨量は 2001 年よりも小さいが総雨量は阿蘇乙姫で 700mm 近くに達しており，当時としては記録的な長雨型の豪雨であった．この地域では，細粒で水が浸透しにくい褐色の細流火山灰層の上に，水が浸透しやすい黒色の砂質火山灰層が覆う土層の構造が広く見られる（図 1.14；宮縁ら，2004）．おそらく，1990 年の豪雨ではまとまった量の雨が長時間をかけて降ったために，降雨が砂質火山灰層の底までゆっくりと浸透し，樹木を載せた土層が細粒火山灰層の上をすべり落ちる形で崩壊が発生したと考えられる．このように，地層の境界に沿って表層土層が板状にすべり落ちるタイプの崩壊は火山地帯ではよく見られる現象で，2013 年に伊豆大島で発生した表層崩壊（図 1.4）もこれと似たタイプの崩壊である．

　以上のような現象を見ると，森林が一定の崩壊防止機能を有することは事実であるが，地形・地質条件や降雨の状況によっては，その機能には限界があるとみるのが自然である．豊富な森林に覆われていても，深い岩盤の中や谷を埋める土砂の底など樹木根系の効果が及びにくい場所に水が集中した場合には，崩壊が発生することもある．そのような崩壊の多くは，極端な形態を取るため災害が激甚化したとの印象を受ける．また，崩壊発生斜面が多量の森林に覆われているぶん，

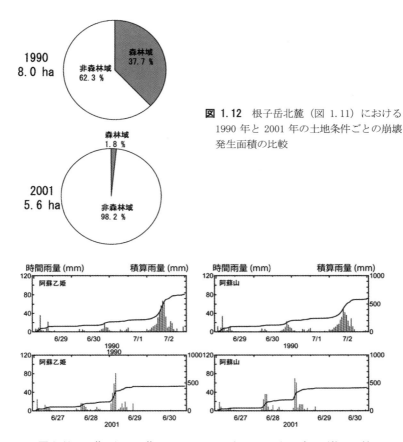

図1.12 根子岳北麓(図1.11)における1990年と2001年の土地条件ごとの崩壊発生面積の比較

図1.13 阿蘇乙姫と阿蘇山における1990年と2001年の降雨形態の比較

流木災害につながりやすい.

　以上のような山地災害の分析を踏まえれば,温暖化によって降雨量が増大した場合でも,現在の森林の崩壊防止機能を適切に維持できていれば,日本各地で崩壊が多発して国土が荒廃する,ということにはならないだろう.それでも,森林の機能を上回るような崩壊はどこかで起きてしまう.次章では,そのような災害に備えるためのソフト対策技術について考えてみたい.

図 1.14 2001 年に根子岳北麓で発生した表層崩壊
褐色の細粒火山灰層の上を覆う黒色の砂質火山灰層がすべり落ちる形で発生している.

5. 極端な山地災害に備えるためのソフト対策

　森林の崩壊防止機能を超えて発生する土砂災害の多くは大規模なものである．下流に住宅地が多い流域では，砂防ダムや治山ダムなどの防災施設によって災害に備えることが望ましいが，記録的な豪雨によって当初想定した防災施設の能力を超える災害が起きることもある．このため，"防災施設があるから安心" というわけではなく，やはり，私たち自身が災害についてよく理解し，賢くなることで自分たちの身を守るソフト対策も同時に進めていく必要がある．
　幸い，土砂災害については，近年新たな予測技術が次々と登場しつつある．降雨については気象レーダーの精度と解像度はますます向上しており，誰もがスマートフォンで数時間後に大雨が降る可能性を知ることが出来る．昔から思えば夢のような時代である．あとは，崩れやすい危ない場所がどこにあるかがわかれば，その地域の人は大雨が降りそうな時には早めに避難することが可能になる．そして，危ない場所を探す技術にも，近年大きな進歩が見られる．

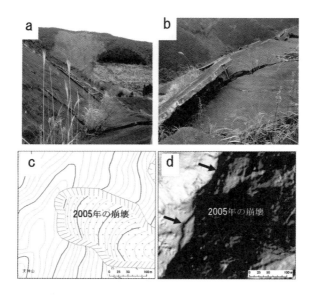

図 1.15 2005 年の豪雨によって宮崎県天神山で発生した深層崩壊 (a) と崩壊の近くで見られた岩盤クリープ (b)，崩壊発生斜面の 2 万 5 千分の 1 地形図 (c) および航空機レーザー測量による高解像度地形データ (d)

　その一つは詳細地形データの活用である．森林の効果が及びにくい極端な崩壊が起きる場所は独特の地形がみられるため，地形の特徴から危ない場所をある程度推定することが出来る．図 1.15a は，2005 年の豪雨によって宮崎県の天神山で発生した深層崩壊の写真である．深層崩壊の多くは，新鮮な岩盤ではなく，風化や重力性クリープ（山地斜面が自分自身の重みで変形する現象）によって緩んだ岩盤が多量の地下水を含んで崩れる落ちる形で発生する．そのような，緩んだ岩盤は周囲よりも滑らかな地形をもつ緩斜面と，斜面がずり落ちて出来た小さな崖（滑落崖）を伴うことが多いため，深層崩壊の起きやすい場所は，地形からある程度推定することが出来る（千木良，2013）．そのような重力性クリープによる岩盤の緩みは通常の地形図では読み取るのは難しい（図 1.15c）が，航空機レーザー測量で取得された詳細な地形図を使うと，滑落崖のような微地形が明瞭に識別

図 1.16 衛星干渉 SAR データが 2009 年秋にとらえた静岡市近郊山地の地盤変動（地理院地図）と 2013 年に発生した崩壊（右下写真）

できる（図 1.15d の矢印）．じつは図 1.15a の崩壊地の左側手前のコンクリートの法面は著しく変形しており（図 1.15b），この地域の山体の重力性クリープは現在でも進行中だと考えられる．しかし，コンクリート構造物の無い通常の森林斜面では見た目だけから重力性クリープの発生を監視することは難しい．そこで，最近注目を集めているのが，衛星干渉 SAR による地盤変動の監視技術である．この技術は元々，地震による地殻変動の分析で活躍してきたが，近年では解像度の向上とともに地すべりの監視にも利用されるようになってきた（例えば，佐藤ら，2014）．この衛星干渉 SAR 技術を利用することで，深層崩壊発生前の前兆的な地盤変動を検出できることが，森林総研と国土地理院の共同研究で明らかになった．図 1.16 の地図は 2009 年秋に静岡市の口坂本地区で国産衛星の ALOS（だいち）がとらえた地盤変動である．色の濃い部分が地盤変動の進行している部分で，約 1 か月半の間に西側に 6〜7cm 程度斜面が移動していたと推定される（小荒井ら，2014）．この斜面では 2013 年に崩壊が発生しており（図 1.16 の右の写真），崩壊の位置は干渉 SAR が検出した地盤変動の発生斜面とぴたりと重なった．

2009 年の干渉 SAR の画像は，この崩壊の前兆現象をとらえたことになり，干渉 SAR を用いて前兆現象を検出し深層崩壊の発生を事前に予測できる可能性が示された．すべての深層崩壊でこのような前兆現象がみられるわけではないが，

地形的に怪しい場所をしらみつぶしに探していた深層崩壊の危険地が，衛星からの監視で"本当に崩れつつある斜面"として検出できる意味は大きい．なお，干渉 SAR のデータは国土地理院の HP で公開されている（国土地理院, 2017）．

　このような新しい空間情報技術は表層崩壊の予測にも活用できる．以下では，2014 年に広島県で起きた土石流災害を例に，航空機レーザー測量による詳細地形データから危険箇所を予測する方法について考えてみる．図 1.17 は 2014 年の豪雨によって土石流災害が発生した広島市八木地区の航空機レーザー測量の地形データである．これをみると，白線で囲まれた 2014 年に土石流が発生した渓流では谷の出口付近で土砂が堆積して小さな扇状地を形成したことがわかる（例えば，図 1.17 の矢印 a）．その南側の渓流では，今回の災害で土石流は発生しなかったが，谷の出口付近に棚状の地形が見られる（図 1.17 の矢印 b）．おそらく，これは過去の土石流で堆積した土砂を整地した地形で，かつてはこの渓流でも土石流が発生したことがあったと推定される．現在，この渓流は森林に覆われているが，谷の中は階段状の地形（図 1.17 の矢印 c）が見られることから，かつては棚田として利用されていたと考えられる．したがって，土石流が起きたのはそれほど最近のことではなく数十年以上昔のことだと考えられる．

図 1.17 広島市八木地区の高解像度地形データに見られる 2014 年と過去の土石流の痕跡（朝日航洋株式会社が計測した航空機レーザー測量データより作成）
白色の線は 2014 年の土石流の範囲を示す．

このように，詳細な地形データを判読すると，その地域で災害が起こりやすい場所が浮かび上がってくる．図 1.17 では，土石流による堆積地形に注目したが，航空機レーザー測量による高解像度地形データからは，ほかにも谷の中の堆積物の状況や，過去の発生した崩壊地の痕跡など，災害に関する多様な情報を得ることが出来る．そのような地形情報を，地域の土地利用の特性や災害史を加味して解釈すると，その地域の災害の起こり方について信頼性の高い情報が得られる．私は，全国各地の災害調査に出かけた際には，時間が許す限り地域の図書館で過去の災害に関する郷土資料を閲覧することにしている．それぞれの地域には起こりやすい災害のクセがあり，長い目で見ればよく似た災害が繰り返していることが多いからだ．災害史は地域防災にとって最も重要な基礎的データである．

そして，このような地形データを最も的確に解釈できるのは，長年地域に根付いて研究や調査活動をしてきた研究者や，コンサルタント会社のベテラン技術者だろう．いわば，地域防災にとってはホームドクターとも言える専門家たちだが，現在はその能力を地域防災のために有効に活用できているとは思えない．例えば，広島市の土砂災害史を古記録や行政資料を元に分析した地元高校の教師の天満氏は，大正 15 年に安佐南区で起きた土石流災害の分析をもとに下記のような警告を発している（天満, 1983）．「安佐南区では，これまで山津波が多く発生したにもかかわらず，農村地帯であったため，あまり大きな被害には至らなかった．しかし，現在は住宅団地が山麓緩斜面上の小谷を埋めて造成されている．山津波の直進性を考慮すると，背後急斜面の渓流下方部や曲流部はもちろん，数 10m 離れた家屋でさえ危険であり，豪雨の際には十分な注意を払わなければならない」．天満氏の警告は 2014 年の土石流災害の特徴を見事に言い当てており，氏の警告を結果的に生かすことが出来なかったことは本当に残念である．このように，個々の地域の災害を防ぐには，最新技術だけではどうしても限界があり，最新技術とローカルな知のマリアージュこそが鍵になると考えている．

引用文献

アレイ, R. B. 2004．氷に刻まれた地球 11 万年の記憶―温暖化は氷河期を招く．山崎淳訳，ソニーマガジンズ，東京, 1-239．

千葉徳爾　1991．はげ山の研究．そしえて，東京，1-349．
千木良雅弘　2013．深層崩壊　どこが崩れるのか．近未来社，東京，1-231．
大丸裕武　2009．森林の荒廃と災害．森林総合研究所編，森林大百科事典，朝倉書店，東京，112-114．
大丸裕武　2016．写真測量による伊豆大島三原山北西斜面における近年の植生高変化の復元．森林総合研究所研究報告, 15(2), 49-57．
気象庁（2017）気候変動監視レポート2016．
　http://www.data.jma.go.jp/cpdinfo/monitor/index.html
小荒井　衛・中埜貴元・戸田堅一郎・大丸裕武　2014．地すべり性斜面変動の前兆を干渉SARと航空レーザー測量で捉える．日本地球惑星科学連合2014年大会予稿集, HDS29-05．
国土地理院　2017．干渉SAR成果．　http://geolib.gsi.go.jp/node/2365
Langbein, W. B. and Schumm, S. A.1958. Yield of sediment in relation to mean annual precipitation. American Geophysical Union Transaction, 32, 347-357.
宮縁育夫・大丸裕武・小松陽一　2004．2001年6月29日豪雨によって阿蘇火山で発生した斜面崩壊とラハールの特徴．地形, 25(1), 23-43．
岡本　透　2017．古地図から読み解く百年で移り変わる山の風景．シリーズ21世紀の農学　山の農学「山の日」から考える．日本農学会編，養賢堂，東京，19-36．
大島町史編さん委員会　2001．東京都大島町史資料編，東京都大島町, 420-421．
太田猛彦　2012．森林飽和　黒土の変貌を考える．NHKブックス，東京，1-260．
大八木規夫・佐藤照子・八木鶴平　1991．1990（平成2）年7月豪雨による九州地方の洪水・土砂災害調査報告．防災科学技術研究所主要災害調査．第31号, 1-126．
林野庁　2017a．平成28年度森林・林業白書．
　http://www.rinya.maff.go.jp/j/kikaku/hakusyo/28hakusyo/index.html
林野庁　2017b．最近における山地災害の発生状況．
　http://www.rinya.maff.go.jp/j/saigai/saigai/con_2.html
Saito, H., Murakami, W., Daimaru, H. and Oguchi, T. 2017. Effect of forest clear-cutting on landslide occurrences: Analysis of rainfall thresholds at Mt. Ichifusa, Japan. Geomorphology, 276, 1-7.
佐藤　浩・宮原伐折羅・岡谷隆基・小荒井衛・関口辰夫・八木浩司　2014．SAR干渉画像で検出した2011年東北地方太平洋沖地震に関わる地すべり性地表変動．日本地すべり学会誌, 51(2), 41-49．
社団法人日本治山治水協会　2012．よみがえる国土　写真で見る治山事業100年のあゆみ．日本林業調査会，東京．
武井弘一　2015．江戸日本の転換点　水田の激増は何をもたらしたか．NHKブックス1230, NHK出版，東京，1-276．
天満富雄　1972．広島湾岸地域の水害　とくに山津波について．地理科学, 18, 1-12．
天満富雄　1983．山地災害．広島新史地理編，広島市編，中本本店，広島，329-330．

第2章
変動する海流システムと水産資源の持続可能性

中田英昭
長崎大学

1. はじめに：海流システムと水産資源変動の接点

　日本の水産業を支えるマイワシやマサバなどのいわゆる多獲性魚類資源は，大漁・不漁を数十年の周期で繰り返すことが知られている（図 2.1）．とくにマイワシとカタクチイワシなどの間で卓越する種が交替する現象は「魚種交替」と呼ばれ，遠く離れた世界の各海域で同期した変動を示すことから，地球規模の気候変化やそれに伴う海流システムなど海洋の大規模な変動との関連が注目されている（Kawasaki, 1983; Chavez et al., 2003；川崎, 2009）．こうした水産資源の変動は，漁業や水産加工をはじめとする多くの産業と地域経済に影響を及ぼすことから，その変動機構の解明と予測手法の開発に向けて，さまざまな学術分野間で連携した研究が進められている（齊藤ら, 2013）．

　水産資源の減少の要因として，これまで過剰な資源利用すなわち乱獲の影響がまず取り上げられてきたが，上記のような地球規模の水産資源の著しい増減は，漁業活動がほとんど行われていなかった太古の昔から生起しており，イワシ類の資源量は 100 倍以上の幅で大変動を繰り返していたことが推定されている（Baumgartner et al., 1992）．水産資源生物を含む海洋動物は，生活史の初期に大量の死亡を経験する．すなわち，大量に生まれて大量に死亡し，生き残ったわずかの個体が大きく成長して次の世代を形成する（渡邊, 2005）．図 2.2 はアラスカ湾のスケトウダラ資源の事例について，この初期減耗の仕組みを概念的に整理したものである．遊泳する能力に乏しい発育初期の卵〜仔稚魚期には，海流に

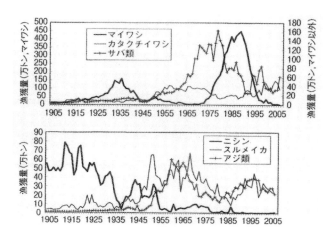

図2.1 日本のおもな多獲性魚類の漁獲量の経年的な推移（谷津・渡邊，2011）

よる「輸送」が生き残りを左右する重要な要因の一つとなっていることが分かる．水産資源生物は，産卵された海域の流れに大きく依存しながらその生き残りや繁殖に適した場所への移動を実現しており，何らかの原因でそれまで適応していた流れのパターンが変化すれば，それは時として水産資源の著しい変動を引き起こす可能性がある（Parrish et al., 1981；中田，1991）．

　日本近海には南北から大洋規模の暖流である黒潮と寒流である親潮が流れ込み，水温や栄養塩濃度の南北勾配が大きい海域となっている（図 2.3）．相対的に高温・低栄養塩濃度の黒潮流域は多くの水産資源の産卵海域として利用されており，卵やふ化仔魚は黒潮によってその下流（北方）に輸送される．一方，親潮流域は低温・高栄養塩濃度で特徴づけられ，黒潮が房総半島沖から離岸し東方に向きを変えた黒潮続流と親潮の境界域（黒潮・親潮移行域）は，黒潮によって輸送される仔稚魚の摂餌や成長を支える重要な役割を担っている．そのため，気候変化による海流システムの少しの変化は大きな環境変化につながり，海洋生態系や水産資源に劇的な変動を引き起こす可能性がある．本州南方を流れる黒潮の流路には，大きく分けて2種類のパターン（大蛇行流路と非大蛇行流路）が存在することが知られている（気象庁ホームページ参照）．1970年代後半から1990年代初めま

では，東海沖で大きく離岸する大蛇行流路が比較的頻繁に発生したが，それ以降は2004年7月から2005年8月を除けば接岸して流れる非大蛇行の状態が続いていた．2017年8月下旬から黒潮が12年ぶりに大蛇行流路を取り始めていることが観測され，漁業や船舶航行，高潮災害への影響が懸念されていることは周知のとおりである．一方，親潮とくにその第1分枝（沿岸分枝）の南下の程度は，後述するように北太平洋におけるアリューシャン低気圧の発達状況などに対応して経年的に大きく変動しており，黒潮・親潮移行域の生物生産や漁業資源にさまざまな影響を及ぼしている（児玉，1992; Yatsu et al., 2013）．

ここでは，最近年の研究により急速に実態の把握が進んできた数十年規模の海洋と水産資源の変動（レジームシフト）に焦点を合わせながら，従来想定されてきたよりも大規模で長期的な水産資源変動を引き起こす海流システムなどの海洋変動に関する研究事例をいくつか紹介し，そうした変動のもとで水産資源の持続性を確保していくための適応方策について，今後の課題を展望する．

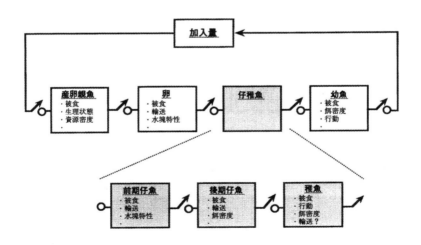

図2.2 水産資源生物の発育初期の生き残りの程度によって資源量の水準（加入量）が変動する仕組み（各発育段階で生き残りに関係するおもな要因をボックス内に記載）

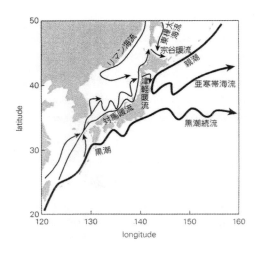

図 2.3 日本近海の海流システム(伊藤, 2011)

2. 大気・海洋相互作用と結びついた水産資源のレジームシフト

　1990 年代に入って,風系や気圧配置などが全球規模でひとつの状態から別の状態に移行すると,水温や海流系,海洋の鉛直混合の程度が大洋規模で変化し,それに応じて水産資源の生産を支える海洋生態系の構造的な枠組み(レジーム)が不連続的に転換する,いわゆる「レジームシフト」の存在が広く認識されるようになった.その契機となったのは,1970 年代半ば以降,冬季に北太平洋上を覆うアリューシャン低気圧が強化され,それに連動して顕著な気候・海洋の変動が認められたことであった(Yatsu et al., 2013).それに対応して,日本近海ではマイワシ資源が急激に増加しカタクチイワシなどとの魚種交替が起きた.また興味深いことに,北太平洋のサケ類漁獲量の長期的な変動にも,マイワシの増減とほぼ同様の傾向が見られる(Beamish and Bouillon, 1993).以下に,こうした従来よりも時空間規模の大きい大気・海洋循環と水産資源の変動に関する研究について述べる.

(1) レジームシフトに対応した北太平洋の大気・海洋循環の変化

　上記の 1976/77 年に発生したレジームシフトについて Ebbesmeyer et al. (1991) は，40 種類の気候・海洋・生物に関するさまざまな指標の時系列データ (1968〜1984 年) の解析を行い，1976 年を境にしてそれらの指標に共通して統計的に有意なステップ状の変化が起きたことを検証した．図 2.4 はさらに，同様の手法を 1965〜1997 年の 100 種類の指標（31 種の気候・海洋関連指標と 69 種の生物関連指標）の時系列に適用した結果（Hare and Mantua, 2000）を示したものである．1976/77 年に加えて 1988/89 年にもレジームシフトが発生した可能性があることが分かる．1976/77 年のシフトは，北太平洋の熱帯域から中高緯度にかけて広域の大気・海洋に顕著な変化をもたらしたことが知られているのに対

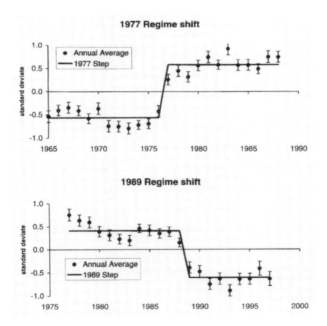

図 2.4　1976/77 年と 1988/89 年のレジームシフトに対応した環境要因（100 種類の環境要因の時系列変動を統合した指標）のステップ状の変化（詳しくは本文を参照のこと）（Hare and Mantua, 2000）

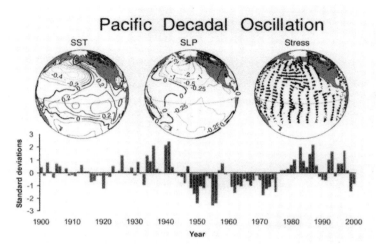

図 2.5 冬季（11月〜3月）の太平洋10年規模振動（PDO）指数の経年変動（下図）と，PDO指数がプラスのフェーズに対応した太平洋の海面水温（SST，℃），海面気圧（SLP, mbar）および海面の風応力（Stress, 最長のベクトルが$10m^2/s^2$）（いずれも偏差で表示）の分布（Mantua and Hare, 2002）

して，1988/89年のシフトに対応した気候・海洋関連指標の変化は，それほど明瞭なものではなかったことが報告されている．図2.5に示したように，冬季のアリューシャン低気圧の勢力（SLP）の経年変化は，北太平洋の東西で海面水温（SST）が逆位相の変動を示す太平洋10年規模振動（PDO）指数の符号の変化とよく対応している（Mantua et al., 1997; Mantua and Hare, 2002）．物理的なメカニズムには不明な点が多いが，両者に共通して50−70年規模の変動と20年規模の変動が認められることが報告されており（見延，2007），卓越するこれらの変動が重なり合うことによって，1976/77年に見られたような顕著なレジームシフトが発生するのではないかと考えられている．

図2.6は，冬季のアリューシャン低気圧の勢力に着目して北太平洋の大気・海洋循環の変化を模式的に示したものである（Hollowed and Wooster, 1992；Francis et al., 1998）．アリューシャン低気圧が発達し東部北太平洋上で南西風が強まると，それに対応して北太平洋海流から北方に分岐するアラスカ海流の流

量比率が増加し，アラスカ湾からカリフォルニア沿岸にかけての水温が上昇する（Type B）．このとき，アラスカ湾では反時計回りの循環流（Alaska Gyre）が強まり下層からの栄養供給が促進されるため生物生産が高まり（Brodeur et al., 1996），それがカラフトマスなどのサケ類漁獲量の増加につながったこと，逆にオレゴンからカリフォルニアにかけてのカリフォルニア海流沿岸域では，湧昇が弱くなったことも相まって生産力が低下し，ギンザケなどの漁獲量が著しく減少したことが報告されている（Francis and Sibley, 1991; Mantua et al. 1997）．Gargett（1997）はさらに，この両海域におけるサケ類漁獲量の逆転現象を説明するメカニズムとして，大気・海洋循環の変動に起因する水柱の安定度の変化が，光と栄養塩の利用可能度を通して植物プランクトンの生産力を大きく規定する要因になっているという興味深い仮説（Optimal Stability Window）を提起している．

一方，日本周辺の西部北太平洋では，アリューシャン低気圧の強化に伴い北西からの冷たい季節風が強まり，同時に低水温の親潮の南下傾向が強まるため，東部とは逆に水温が低下する．また，季節風により海洋の鉛直混合が促進され，表層混合層の深さが増加する（Yatsu et al., 2013）．これらの海洋変動は，後述するように，マイワシ資源の増大を引き起こす重要な要因になったものと考えられている．アリューシャン低気圧が弱まると，上記とは逆の気候・海洋変動が起こる（図2.6のType A）．実際に1988年以降のレジー

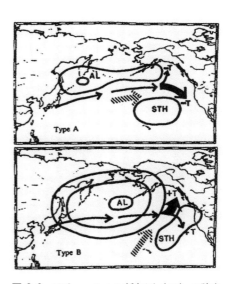

図2.6 アリューシャン低気圧（AL）の強さの変化に対応した北太平洋における冬季の大気・海洋循環の変化

実線の矢印：海流，縞の矢印：風向，T：水温偏差（正は高水温，負は低水温），STH：亜熱帯高気圧．Francis et al.（1998）のFigure 8をもとに作成された模式図．

ムシフト（温暖化）に伴い，日本近海のマイワシ資源は急激に減少した．このようなアリューシャン低気圧の強弱に伴う大気・海洋循環のタイプの変化は，冬季のPDO指数が正と負のときの北太平洋の海面水温分布パターンにそれぞれ対応している（Yatsu et al., 2008のFigure 2参照）．

(2) 日本近海におけるマイワシ資源の変動要因

日本近海における多獲性魚類資源の中でも桁違いに大きな変動を示すマイワシ太平洋系群の資源加入量は，餌を食べ始める後期仔魚期から1歳魚までの間に決定されると考えられている（Watanabe et al., 1995）．また，さまざまな気候・海洋指標とマイワシの再生産成功率との相関分析により，本州南方の産卵場から黒潮さらには房総沖でそれに連なる黒潮続流によって輸送される仔稚魚の，輸送経路に沿った冬-春季の水温や混合層深度などの環境変動が，その生き残りに重要であることが指摘されている（安田，2005; Nishikawa et al., 2011）．図2.7は，マイワシ仔稚魚の輸送シミュレーション結果の一例（2005年2月15日〜4月15日）を示したものである（Nishikawa et al., 2013）．マイワシの仔稚魚が，本州南方の産卵場から1〜2カ月の間に黒潮および黒潮続流によって本州東方に

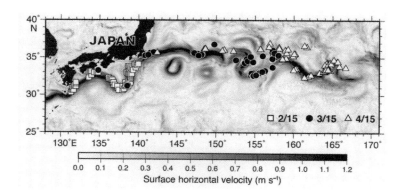

図2.7 本州南方のマイワシ産卵場（□）から，2005年2月15日に放流した粒子の輸送シミュレーションの結果（Nishikawa et al., 2013）
●：3月15日の推定位置，△：4月15日の推定位置，FRA-JCOPEにより推定された2005年4月15日の流速分布を濃淡で表示．

輸送されることが分かる．相対的に低水温で混合層深度が深いほど，マイワシ仔稚魚の生き残りが良いことから，成育に好適な水温条件に加えて，鉛直混合の強化に伴う下層の栄養塩の取り込みにより植物プランクトンの生産が高まり，輸送経路における仔稚魚の餌料環境が良好な状態で維持されることが，その生き残りの重要な条件になっているものと考えられている．

アリューシャン低気圧の強化が引き金となって，どのような環境要因の一連の変化がマイワシ資源の増加（カタクチイワシとの魚種交替）を引き起こしたのか，これまでの知見を集約した仮説（谷津，2005）を図 2.8 に示した．1988 年以降にマイワシ資源の崩壊をもたらした気候・海洋要因についても，図 2.8 とおおよそ逆の変化（表面冷却が弱まり温暖化が進行するとともに，表層混合層が浅くなり餌料環境が悪化，そのため仔稚魚の初期成長が低下）が起こったものと推定されている（Nishikawa et al., 2013）．しかしながら，再生産成功率の変化を引き起こす生物・生態学的な過程は，研究が進んでいるマイワシの場合でも実証的に確認されたわけではない．マイワシの稚魚の摂餌海域と考えられる黒潮続流域の北縁部における餌生物生産の動態を明らかにすることは，重要性の高い課題の一つ

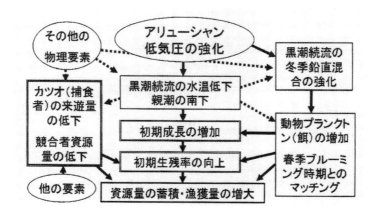

図 2.8 マイワシ太平洋系群の資源変動メカニズムに関する仮説（谷津，2005）
実線の矢印は関係が比較的明瞭なもの，破線の矢印はよく分かっていないもの．

と言えよう．それも含めて，海洋生態系のレジームシフトによって水産資源変動にかかわる諸過程にどのような変化を生じるのか，その資源変動のメカニズムを解明することは，以下に述べる今後の適応方策を検討する上でも重要である．

3．今後の課題：レジームシフトを見通した水産資源の持続性の確保

海洋生態系のレジームシフトは，マイワシ等の多獲性魚類資源をはじめさまざまな水産資源の変動を引き起こすが，それはある意味で，自然システムの枠内の変動と見ることができる．したがって，そうした変動の規則性がある程度保たれていれば，それを前提として適応的に水産資源の利用・管理を行うことが可能と考えられる．しかしながら，その一方で川崎（2009）は，レジームシフトの変動リズムを攪乱し不可逆的な水産資源の大変動を引き起こす可能性を持つ外力として，地球温暖化と水産資源の低水準期における強い漁獲圧の2つを挙げている．そこで以下に，この2つの外力の存在を踏まえながら，水産資源の持続性を確保していくための資源管理方策などに関する今後の検討課題について述べる．

（1）海洋の温暖化とその水産資源への影響

地球温暖化の影響は黒潮のような大洋規模の暖流に沿って顕在化しやすく，日本周辺海域では全球平均よりも高い海面水温上昇率を示している（伊藤, 2011）．気象庁によれば，本州南方および東シナ海から日本海にかけての海域では，最近の100年間に0.75〜1.7℃の水温上昇が報告されている．そこで，水産総合研究センター（現在は水産研究・教育機構）では，海洋温暖化の水産生物や水産業への影響に関する既存の知見を総合的に取りまとめ，漁業対象種ごとに温暖化の進行がどのような影響を与える可能性があるかを分かりやすく解説している（水産総合研究センター, 2009）．温暖化の影響とは限らないが，そこには日本周辺海域の漁況や漁業被害などに関する異常現象（2006年秋から2008年秋）も，あわせて報告されている．

一般に，地球温暖化の進行に伴い，水温上昇や海面上昇（干潟や藻場など浅海域の減少），さらには海流を駆動する風系の変化，鉛直方向の海水循環の低下（成層の強化）などの環境変化が起こることが推測されており，それらが生物生産の

フェノロジー（季節的なサイクル），生物資源の再生産（産卵の時期や場所，発育初期の成長など），水産生物の移動・回遊や地理的分布を大きく変化させる可能性があることが懸念される．最初に述べたように，海流による仔稚魚の輸送や広域分散は水産資源の繁殖戦略の一部に組み込まれており，温暖化の進行に伴い輸送の原点となる産卵の時期や場所が変化すれば，それは風系の変化による海流システムの変化と相まって繁殖戦略に影響を及ぼし，資源の分布や変動の不安定化につながるものと考えられる（竹茂, 2017）．また，温暖化に対応して魚類は北方に生息域を移動させる可能性があると言われているが，固着性の強い生物を含め移動能力に違いのある多様な生物が生態系を構成していることを考え合わせれば，温暖化の進行に伴い海洋の生物群集の崩壊・再編が起こることは容易に想定される．このように温暖化に伴う資源生物の生活年周期の変化やより北方の適水温域への移動の状況は複雑多様であり，実際問題としてレジームシフトに伴う変動と識別することは難しい．しかも 2050 年頃には，地球温暖化に伴う水温上昇の幅が太平洋 10 年規模振動（PDO）による水温変動の振幅よりも大きくなることが予測されている（伊藤, 2014）．それに加えて，乱獲や環境改変などさまざまな規模で生態系を攪乱する人為的な要因も影響を与えており，それらが温暖化の影響を大きく増幅させることがないように監視し警鐘を鳴らし続けていくことが必要である（木村, 2017）．

以上のように，海洋の温暖化が水産資源に及ぼす影響は複雑で多岐にわたるため，まだ実証的な知見がほとんど得られていない状況であり，今後の研究に俟つところが大きい．近い将来にどのような変化が起こるか，その変化や水産生物への影響の方向性を適切に予測すること，そうした変化に適応した海洋生態系や水産資源の利用と管理の科学技術的な基盤を確立していくことが急務である．現在は，生起しつつある現象の実態把握と原因の解析が断片的に進められている状況であるが，それにとどまらず基礎科学から応用開発研究までを統合した体系的な適応方策の検討が強く求められていると言えよう．

桜井（2005）は，最適な水温などの環境条件を能動的に選択できる成魚と異なり，環境変化にほとんど受動的な卵や仔稚魚は，わずかな環境変化によってその生き残りに致命的なダメージを受ける可能性があること，その意味で，100 年間

で1〜2℃の水温上昇は，海洋生物にとって死活問題であることを指摘している．水産生物の発育段階のそれぞれのステージで水温変化への応答のメカニズムを実験的に解明していくような地道で基礎的な研究の積み上げが，水産資源への影響の将来予測の基盤となることをあらためて強調しておきたい．

(2) 資源の自然変動に適応した水産資源の管理・利用の時代へ

　レジームシフトのような水産資源の自然変動の存在が認識されてきたことを背景として，持続可能漁獲量（MSY）にもとづく，いわば資源の平衡状態を前提とした現状の水産資源管理を，変動する大気－海洋システムを前提とした生態系管理の体系へ転換させていくことが求められている（渡邊，2005；川崎，2009）．言いかえれば，将来にわたって水産資源を持続的に利用していくためには，大きな自然変動を繰り返すという資源の特性を損なわないことが重要であり，とくに資源の低水準期には漁獲制限などの資源管理を強化することが必要不可欠と考えられる．しかしながら，実際にはこれまでにも，日本近海のマイワシやマサバについて，資源低水準期の若年魚の乱獲が資源の回復を遅らせる要因となったことが報告されている（谷津，2005；谷津・渡邊，2011；渡邊，2014）．すなわち，マイワシ資源が急激に減少した1988年以降も，資源の増大期に大型化した漁業の漁獲圧が成熟前の1歳魚や産卵を開始する2歳魚に集中し，それがマイワシ資源の減少を加速した．さらに，そのホコ先は1990年代に入ってから資源回復の兆しが見られていたマサバの若齢魚にも向けられ，大きな年級群の資源加入が期待されるたびにそこに強い漁獲圧が加えられる「モグラたたき」のような状態であったと言われている（川崎，2009）．経済活動としての漁業には，資源量に加えて，漁業への投資量や漁船の使用年数，漁業許可制度，漁獲物の需給関係を反映した経済的価値が，その存続を左右する重要な要素となる（谷津，2005）．その意味で，レジームシフトなどの自然変動に伴う世界の多獲性魚類の漁獲動向を踏まえた長期的な漁業や資源管理のあり方を検討することも必要と考えられる．

　最近，Yatsu and Kawabata (2017) は，太平洋におけるマイワシ資源変動のレジームシフトに対する同期性を2010年代前半までのデータを用いて再検討することを試みた．その結果，1970－1999年には日本のマイワシ太平洋系群と南米フンボルト海流域のマイワシの生産力に，いずれもレジームシフトに同期した変動

が認められたこと，その一方で，1990-2000年代は冬季のPDO指数から見てマイワシに好適な環境条件が整っていたにもかかわらず，両海域の高い漁獲圧が資源回復を妨げる原因の1つになったと推論されることを報告している．

　レジームシフトに伴う卓越魚種の交替を制御することは困難であるが，それを予測することが可能になれば，それに対応した設備投資や新たに増加する資源の効率的な利用方法をあらかじめ検討することができる．そうした予防的な方策を講じることは，漁業経営の安定化や水産資源の安定供給にも有効と考えられる．すでにそうした観点から，農林水産技術会議では2007-2012年に学際的な研究プロジェクト「魚種交替の予測・利用技術の開発」（SUPRFISH）に取り組んできた（齊藤ら，2013）．その主たる目的は，環境変動に伴う海洋生態系の構造の変化とくに資源生物の餌として重要な低次生物生産の変化過程を解明し，イワシ類やサバ類などの魚種交替を予測する技術を開発することにより，水産資源の持続性の確保に資することにある．上述のような長期的な視点に立った水産資源管理を進めていく上でも，資源変動の要因やプロセスを科学的に説明できるようにしていくことがきわめて重要であることは言うまでもない．Gargett（1997）も北太平洋北東部におけるサケ類の資源管理に関連して，環境要因との相関関係にもとづくこれまでの資源管理を，大気・海洋変動に伴う資源変動のメカニズムを基礎にしたものに変えていくことが急務であることを指摘している．

(3) 数値モデリングへの期待

　まだ不確実性が大きく正確な将来予測を行うことは多くの困難を伴うが，水産資源生物を含む「海洋生態系統合モデル」の構築は，生態系に基礎を置いた水産資源の管理を進めていくためにきわめて重要な今後の課題の1つである（詳しくは，伊藤（2014）参照）．北西太平洋など日本近海は世界有数の漁場として知られているが，漁獲圧の高い海域では，温暖化が進行した際にその影響が増幅される可能性が高いとも言われており，その意味でも，モデルによる予測精度の向上が急務である．

　最近は，精度の高い流れの数値モデルの開発が進み，産卵場や仔稚魚の成育に適した場所（成育場）に関する情報や，日周期の鉛直運動等の仔稚魚の行動特性をモデルに入力することによって，卵・仔稚魚の産卵場から成育場への輸送やそ

の過程での生き残りの状況を数値実験で調べる試みが，わが国でもさまざまな事例について行われている（Kasai et al., 2008; Itoh et al., 2009）．卵や仔稚魚の発生・発育に伴う鉛直方向の挙動の変化と流れの相互作用をフィールドで定量的にとらえることは不可能に近く，このようなモデルを用いたアプローチは，その意味でも有効である（Miyake et al., 2015）．しかしながら，生き残りにかかわる生物過程の定式化やモデルの各種パラメータの設定にはまだ不確定の要素が多く，モデルによる予測とそのフィールド情報にもとづく検証を一体のものとして推進していくことが必要である．

　上記の輸送モデルを漁業の対象となる発育段階まで拡張し，水産資源生物の成長や移動・回遊などを表現することのできる個体群動態モデルの開発も進められており，近未来の温暖化シナリオにもとづく将来予測の試みがなされている（Okunishi et al., 2012; Ito et al., 2013）．生態系の高次栄養段階になるほど生物のサンプリングは難しく，現場のデータや情報によるモデルの検証が困難であること，移動能力や環境変化に対する能動性が高まるため広範囲における行動の把握が必要となること，さらには相対的に寿命が長いため成長に伴って食物関係や好適な環境要因が複雑に変化することなど，個体群動態のモデル化やそのモデルの検証には検討を要する課題が多く残されている（中田, 2016）．しかしながら，温暖化対応を含む将来予測やこれからの生態系アプローチを基盤とする水産資源管理を可能にしていくために，水産資源生物を含む海洋生態系統合モデルの確立と応用への期待は大きい．その意味で，モデリングと緊密に連携させながら，海流システムなどの海洋変動，餌生物の生産や生物資源の生態学的な諸特性の変化に関する体系的なモニタリングを継続することが必要不可欠である．とくに，海流システムの変動と水産資源の変動を結びつける上で，資源生物の餌となる動物プランクトンなどの生物量や種組成，サイズ組成の時空間的な変動実態に関するデータの蓄積は，今後の最も重要な課題の1つと考えられる．伊藤（2014）によれば，生物地球化学分野の炭素循環モデルなどに組み込まれている植物プランクトンについては，気候変動に対する応答などに関する知見がある程度得られており，また水産学分野で生態系モデルの対象とされる魚類については，漁獲量や資源量などモデルの検証に利用できる情報があるのに対して，両者の中間に位置

する動物プランクトンについては入手できる情報がまだ少なく，それをモデルの対象として直接的に扱う研究は限られている．そのため相対的にモデルの解像度（数量動態などの予測精度）が低く，予測モデルの開発が最も遅れている．

なお，動物プランクトンのモニタリングについては，わが国の東北沖の西部北太平洋で1951年から継続されてきたプランクトン採集（湿重量の計測結果を公表）が，「オダテ（小達）コレクション」として世界に知られている（Odate, 1994）．Chiba et al.（2006）はその標本を用いて，親潮海域におけるカイアシ類群集の50年間にわたる変動とPDO指数の対応関係を解析し，レジームシフトに連動して生物量の季節的な増減のパターンに変化が見られることを指摘している．これは，季節による違いや群集構造を度外視して，年間の平均値で動物プランクトン生物量の長期変動を評価するだけでは不十分であることを示している．こうした観点も含めて，動物プランクトンなどのデータベースを今後さらに拡充し，その変動実態に関する知見を蓄積していくことが必要である．

4. おわりに

最近の研究で急速に実態把握が進んできた海洋と水産資源の10年〜数10年規模の変動「レジームシフト」に焦点を合わせながら，水産資源の持続性確保にかかわる今後の研究課題を展望してきた．繰り返しになるが，①水産資源の変動として顕在化する海洋生態系のレジームシフトの機構解明を共通の課題として，さまざまな専門分野を超えた研究者による共同研究を推進すること，②それを踏まえて，自然変動に対応した水産資源の管理・利用の科学的な基盤を早急に確立していくこと，③さらには，地球温暖化や漁業を含む人間活動を加えた複合的なストレスに対する海洋生態系の応答機構の解明を目指して，数値モデル開発とその基礎となる継続的なモニタリングの体制を強化していくことが重要である．これらの課題に取り組んでいくために，生命科学から物理科学まで広範な研究分野を横断する形で，フィールド研究と理論構築，数値モデリングを緊密に連携させた研究を展開していくことが必要であることは言うまでもない．

なお，水産資源の変動と海流システムとの関連性に関するこれまでの世界の研究の多くは，カリフォルニア海流や南米のフンボルト海流，南アフリカのベンゲ

ラ海流など，大洋の東岸境界流の沿岸湧昇域で行われてきた．これは世界の魚類生産における沿岸湧昇域の寄与の大きさを考えれば当然のことかもしれないが，東岸境界流域に比べて海流の流速が大きい日本近海の黒潮－親潮システムなど西岸境界流域では，海流の蛇行やその縁辺の前線域に形成される渦流など，いわゆる中規模の海洋変動が生物生産や資源変動にきわめて重要な役割を担っている．これまでにガルフストリームの暖水渦や黒潮前線渦が，仔稚魚の輸送や生き残りに及ぼす影響についていくつか研究成果が報告され（Flierl and Wroblewski, 1985; Nakata et al., 2000; Okazaki et al., 2003），最近は東オーストラリア海流の前線渦について集中的な観測とモデリングが行われているが（Mullaney and Suthers, 2013; Everett et al., 2015），研究はまだ端緒についた段階である．日本近海において科学的に精度の高い予測モデルを構築していく上で，この点は重要な研究課題の1つであり，今後の研究の進展を期待したい．

　本稿でおもな素材の1つとした「レジームシフト」に関する世界的な論議の契機となったのは，故 川崎健 博士が1983年4月にコスタリカで開かれたFAOの専門家会議で発表された論文（Kawasaki, 1983）であった．残念ながら，川崎博士は2016年9月に急逝されたが，レジームシフトに伴い急激に増加する日本近海のマイワシの膨大な資源量を支えるメカニズムとして食物連鎖を介して転送されるエネルギーがマイワシに収束するという「栄養動態仮説」を新たに提唱し，これまでの成果を集大成した「Regime Shift－Fish and Climate Change」（Kawasaki, 2013）をはじめ，水産資源管理の考え方のパラダイムシフトを先導してこられた川崎博士の先駆的な研究業績に対して心から敬意を表したい．

引用文献

Baumgartner, T.A., A. Soutar and V. Ferreira-Bartrina 1992. Reconstruction of the history of Pacific sardine and northern anchovy populations over the past two millennia from sediments of the Santa Barbara Basin, California. CalCOFI Rep., 33:24－40.

Beamish, R.J. and D.R. Bouillon 1993. Pacific salmon production trends in relation to climate. Can. J. Fish. Aquat. Sci., 50:1002－1016.

Brodeur, R.D., B.W. Frost, S.R. Hare, R.C. Francis and W.J. Ingraham, Jr. 1996.

Interannual variations in zooplankton biomass in the Gulf of Alaska and covariation with California Current zooplankton. CalCOFI Rep., 37:80－99.
Chavez, F.P., J. Ryan, S.E. Lluch-Cota and M. Niquen 2003. From anchovies to sardines and back: multidecadal change in the Pacific Ocean. Science, 299:217－221.
Chiba, S., K. Tadokoro, H. Sugisaki and T. Saino 2006. Effect of decadal climate change on zooplankton over the last 50 years in the western subarctic North Pacific. Global Change Biol., 12:907－920.
Ebbesmeyer, C.C., D.R. Cayan, D.R. McLain, F.H. Nichols, D.H. Peterson and K.T. Redmond 1991. 1976 step in the Pacific climate: forty environmental changes between 1968-1975 and 1977-1985. In J.L. Betancourt and V.L. Tharp eds., Proc. 7th Annual Pacific Climate Workshop, Asilomar, CA, California Dept. of Water Resources, Interagency Ecological Studies Program Technical Report 26:115－126.
Everett, J.D., H. Macdonald, M.E. Baird, J. Humphries, M. Roughan and I.M. Suthers 2015. Cyclonic entrainment of preconditioned shelf waters into a frontal eddy. J. Geophys. Res. Oceans, 120, doi:10.1002/2014JC010301.
Flierl, G.R. and J.S. Wroblewski 1985. The possible influence of warm core Gulf Stream rings upon shelf water larval fish distribution. Fish. Bull., 83:313－330.
Francis, R.C. and T.H. Sibley 1991. Climate change and fisheries: what are the real issues? NW Environ. J., 7:295－307.
Francis, R.C., S.R. Hare, A.B. Hollowed and W.S. Wooster 1998. Effect of interdecadal climate variability on the oceanic ecosystems of the NE Pacific. Fish. Oceanogr., 7:1－21.
Gargett, A. 1997. The optimal stability 'window' : a mechanism underlying decadal fluctuations in North Pacific salmon stocks. Fish. Oceanogr., 6:109－117.
Hare, S.R. and N.J. Mantua 2000. Empirical evidence for North Pacific regime shifts in 1977 and 1989. Prog. Oceanogr., 47:103－146.
Hollowed, A.B. and W.S. Wooster 1992. Variability of winter ocean conditions and strong year classes of Northeast Pacific groundfish. ICES Mar. Sci. Symp., 195:433－444.
伊藤進一 2011. 日本近海の物理環境の長期変動と最近の状況. 海洋と生物, 33:7－12.
Ito, S., T. Okunishi, M.J. Kishi and M. Wang 2013. Modelling ecological responses of Pacific saury (*Cololabis saira*) to future climate changes and its uncertainty. ICES J. Mar. Sci., 70:980－990.
伊藤進一 2014. 水産資源および水産業への影響予測. 水産海洋学会編, 水産海洋学入門 海洋生物資源の持続的利用, 講談社, 東京, 192－201.
Itoh, S., I. Yasuda, H. Nishikawa, H. Sasaki and Y. Sasai 2009. Transport and environmental temperature variability of eggs and larvae of the Japanese anchovy (*Engraulis japonicus*) and Japanese sardine (*Sardinops melanostictus*) in the western North Pacific estimated via numerical particle-tracking experiments. Fish. Oceanogr., 18:118－133.

Kasai, A., K. Komatsu, S. Sassa and Y. Konishi 2008. Transport and survival processes of eggs and larvae of jack mackerel (*Trachurus japonicus*) in the East China Sea. Fish. Sci., 74:8−18.

Kawasaki, T. 1983. Why do some pelagic fishes have wide fluctuations in their numbers? FAO Fish. Rep., 201:1055−1080.

川崎健 2009. イワシと気候変動―漁業の未来を考える. 岩波書店, 東京, 1−198.

Kawasaki, T. 2013. Regime Shift−Fish and Climate Change. Tohoku University Press, Sendai, 1−162.

木村伸吾 2017. 魚類の回遊の生理・生態に与える影響の概念. 日本海洋学会編, 海の温暖化 変わりゆく海と人間活動の影響, 朝倉書店, 東京, 77−79.

児玉純一 1992. 金華山近海域における海況変動と漁況, 特にマイワシ資源の長期変動との関係. 水産海洋研究, 56:151−154.

Mantua, N.J., S.R. Hare, Y. Zhang, J.M. Wallace and R.C. Francis 1997. A Pacific interdecadal climate oscillation with impacts on salmon production. Bull. Am. Meteor. Soc., 78:1069−1079.

Mantua, N.J. and S.R. Hare 2002. The Pacific Decadal Oscillation. J. Oceanogr., 58: 35−44.

見延庄士郎 2007. 物理的環境におけるレジーム・シフトと十年スケール変動のメカニズム. 川崎健・花輪公雄・谷口旭・二平章編, レジーム・シフト―気候変動と生物資源管理―, 成山堂書店, 東京, 45−61.

Miyake, Y., S. Kimura, S. Itoh, S. Chow, K. Murakami, S. Katayama, A. Takeshige and H. Nakata 2015. Roles of vertical behavior in the open-ocean migration of teleplanic larvae: a modeling approach to the larval transport of Japanese spiny lobster. Mar. Ecol. Prog. Ser., 539:93−109.

Mullaney, T.J. and I.M. Suthers 2013. Entrainment and retention of the coastal larval fish assemblage by a short-lived submesoscale, frontal eddy of the East Australian Current. Limnol. Oceanogr., 58:1546−1556.

中田英昭 1991. 仔稚魚の輸送・生残・加入にかかわる沿岸海洋過程. 沿岸海洋研究ノート, 28:195−220.

Nakata, H., S. Kimura, Y. Okazaki and A. Kasai 2000. Implications of meso-scale eddies caused by frontal disturbances of the Kuroshio Current for anchovy recruitment. ICES J. Mar. Sci., 57:143−152.

中田英昭 2016. 水産資源研究と物理学・数理学の接点. 学術の動向, 21:82−86.

Nishikawa, H., I. Yasuda and S. Itoh 2011. Impact of winter-to-spring environmental variability along the Kuroshio jet on the recruitment of Japanese sardine (*Sardinops melanostictus*). Fish. Oceanogr., 20:570−582.

Nishikawa, H., I. Yasuda, K. Komatsu, H. Sasaki, Y. Sakai, T. Setou and M. Shimizu 2013. Winter mixed layer depth and spring bloom along the Kuroshio front: implications for the Japanese sardine stock. Mar. Ecol. Prog. Ser., 487:217−228.

Odate, K. 1994. Zooplankton biomass and its long-term variation in the western North

Pacific Ocean. Bull. Tohoku Regional Fish. Res. Lab., 56:115－173.

Okazaki, Y., H. Nakata, S. Kimura and A. Kasai 2003. Offshore entrainment of anchovy larvae and its implication for their survival in a frontal region of the Kuroshio. Mar. Ecol. Prog. Ser., 248:237－244.

Okunishi, T., S. Ito, T. Hashioka, T.T. Sakamoto, N. Yoshie, H. Sumata, Y. Yara, N. Okada and Y. Yamanaka 2012. Impacts of climate change on growth, migration and recruitment success of Japanese sardine (*Sardinops melanostictus*) in the western North Pacific. Clim. Chang., 115:485－503.

Parrish, R.H., C.S. Nelson and A. Bakun 1981. Transport mechanisms and reproductive success of fishes in the California Current. Biol. Oceanogr., 1:175－203.

齊藤宏明・見延庄士郎・桜井泰憲・牧野光琢 2013．魚種交替のメカニズムとその理解に基づく社会への貢献．水産海洋研究，77:344－345.

桜井泰憲 2005．地球温暖化－僅かな水温変化が海洋生物資源を変える．月刊海洋，号外 40:172－176.

水産総合研究センター 2009．地球温暖化とさかな．水産総合研究センター編，成山堂書店，東京，1－182.

竹茂愛吾 2017．マイワシ・カタクチイワシ資源．日本海洋学会編，海の温暖化 変わりゆく海と人間活動の影響，朝倉書店，東京，84－87.

Watanabe, Y., H. Zenitani, and R. Kimura 1995. Population decline of the Japanese sardine *Sardinops melanostictus* owing to recruitment failures. Can. J. Fish. Aquat. Sci. 52:1609－1616.

渡邊良朗 2005．自然変動する生物資源．渡邊良朗編，海の生物資源 生命は海でどう変動しているか．東海大学出版会，神奈川，1－18.

渡邊良朗 2014．資源の自然変動と保全．水産海洋学会編，水産海洋学入門 海洋生物資源の持続的利用，講談社，東京，136－143.

安田一郎 2005．海洋・気候のレジームシフトと資源変動．渡邊良朗編，海の生物資源 生命は海でどう変動しているか．東海大学出版会，神奈川，225－240.

谷津明彦 2005．資源評価担当者から見た漁業資源の管理－Ⅰ 10 年スケールの海洋生産力の変動と小型浮魚類の資源管理．日本水産学会誌，71:854－858.

Yatsu, A., K.Y. Aydin, J.R. King, G.A. McFalane, S. Chiba, K. Tadokoro, M. Kaeriyama and Y. Watanabe 2008. Elucidating dynamic responses of North Pacific fish populations to climatic forcing: Influence of life-history strategy. Prog. Oceanogr., 77:252－268.

谷津明彦・渡邊千賀子 2011．減ったマイワシ，増えるマサバ－わかりやすい資源変動のしくみ－．日本水産学会監修，成山堂書店，東京，1－143.

Yatsu, A., S. Chiba, Y. Yamanaka, S. Ito, Y. Shimizu, M. Kaeriyama and Y. Watanabe 2013. Climate forcing and the Kuroshio/Oyashio ecosystem. ICES J. Mar. Sci., 70:922－933.

Yatsu, A. and A. Kawabata 2017. Reconsidering Trans-Pacific "synchrony" in population fluctuations of sardines. Bull. Jpn. Soc. Fish. Oceanogr., 81:271－283.

第3章
環境変動が雑草の生態や管理に及ぼす影響

與語靖洋

農研機構　農業環境変動研究センター

1. はじめに

　雑草の定義には2つの見方がある．1つは，「人類に直接的・間接的に損害を与える植物」や「人が望まないところに生える植物」など，ヒトの側からみたもの，もう1つは，「絶えず撹乱される極めて不安定な環境に生活する一群の植物」という生態学から見たものである（萩本宏，2001）．また，早期栽培，乾田化，除草剤などの農業の近代化によって，伝統的農業や生物多様性の危機とともに，耕地雑草は絶滅に瀕している（冨永，2003）．つまり，雑草は常にさまざまな環境の変化にさらされて生存している植物である．

　地球は45億年前の誕生から現在まで，質的・量的に異なるレベルの間氷期と氷期，言い換えれば温暖化と寒冷化を何度か繰り返してきた．2013年から2014年にかけて公表されたIPCCの第5次評価報告書における代表濃度経路（Representative Concentration Pathways）シナリオによれば，今世紀末の「地球温暖化」は極めて急激な変化であり，世界の平均気温で長期的（2081〜2100年）には0.3〜4.8℃上昇するとしており，これまでの温暖化と異なり人為的なものが主因であると一般的に理解されている．

　地球温暖化は，二酸化炭素（CO_2），メタン，一酸化二窒素などの温室効果ガス濃度の増加に起因する気温上昇であるが，実際には集中豪雨や乾燥のような極端気象の頻度が増加しており，それらに起因する洪水や土壌侵食などは，時に農業

に甚大な被害を与える．作物保護における防除対象である病害虫や雑草は，これら気候変動や関連する環境変動の影響を少なからず受ける．「日本における気候変動による影響に関する評価報告書」（中央環境審議会地球環境部会気候変動影響評価等小委員会，2015）においても，「温暖化は，種子の休眠覚醒と発芽のタイミングを周囲の温度変化によって決定している雑草や，低温にさらされることによって花芽形成が誘導される雑草の発生や分布に大きな影響を与えている．また，とくに冬季の最低気温の上昇は，熱帯や亜熱帯原産の雑草が日本へ定着することを容易にしている」としている．結果として，農業は全般にこの影響の重大性がとくに大きいと評価される中，麦や大豆などの土地利用型作物，園芸作物，および畜産において，緊急性や確信度が中程度にとどまっているのに対して，病害虫・雑草については，それらが高いとしている．

　雑草は，それ自体動けないことが病害虫と大きく異なり，そのことが気候変動に対する反応や管理方法に影響する．そこで，日本雑草学会の50年を超える歴史の中で，和文誌「雑草研究」や講演要旨における約7,000件の研究成果を調べたところ，演題ベースで，気象・気候に関する成果は170件（全体の2～3％）であった．中でも，最も多いのが温度（109件），続いて日長（29件），乾燥・湿潤（18件）である．特徴的なのは，温度や雑草の分布の変化に外来（帰化）雑草を研究対象としたものが目立つことである．その他にCO_2で5件あり，氾濫，津波，震災，土壌侵食など，極端気象に関するものも14件あった．

　本稿では，本誌の主題である大変動時代として，近年の気候変動に着目し，それに適応する雑草の生態的反応とその管理についてまとめることで，食と農の将来を考える一助としたい．

2. 雑草生態に対する気候変動の直接的影響

（1）気象変動への雑草の反応

　気候変動に対する雑草の反応に関する原則は，Mitigation【移動】, Acclimation【順化，順応】およびAdaptation【適応】である（Peters et al., 2014）（図3.1）．

　Mitigationは，雑草が過ごしやすい環境に移動することであり，その分布変化（Range shift）が景観スケールで起こる．前節で述べたように，雑草の本体自体

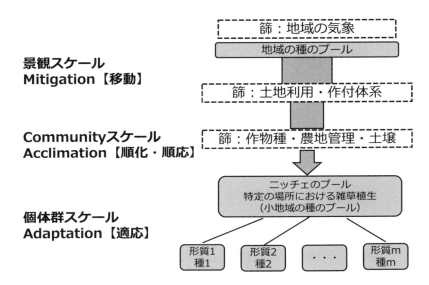

図 3.1 気候変動に対するスケールごとの反応
Peters et al., 2014 の図を日本語を付して改変.

は移動しない．しかし，種子や地下茎などの繁殖器官は，水，土壌，風，動物，農作物の輸出入などで受動的に移動する（図 3.2）．

　Acclimation は，進化的な適応なしに表現形質の可塑性の範囲で，気候変動を含む環境の変化に対して適応することである．ここでは，雑草がその場の気候変動に耐えるか回避することによって，生態的に最適化を図る．別の言い方をすれば，個体が有する能力の範囲でフィットネス（適応力）や競合力を向上させることであり，景観よりも小さな Community スケールの変化（Niche/Composition shift）が起こる．

　Adaptation は，新しい形質の遺伝的獲得や既存形質の最大限の利用によって遺伝的に変化すること，いわゆる自然淘汰であり，個体群スケールの変化（Trait shift）が起こる．この先に Evolution【進化】がある．

　これらはすべて生存ための変化（広義の適応）であるが，適応できない変化（Damage shift）もある．雑草ではないが，日本では，天然ブナ林の減少もその

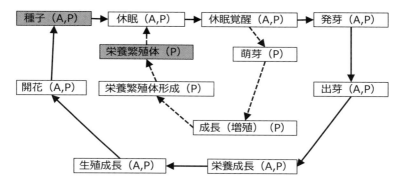

図 3.2 一年生および多年性雑草の生活史
グレーに塗りつぶした繁殖器官だけが，受動的だが，移動能力を有する．

1つであるが，その要因として地球温暖化が挙げられている．

また，それぞれのスケールの間に，気象，土地利用，作付体系，栽培作物，農法，土壌の種類などの篩（Filter）が存在する．スケールごとに篩の種類が異なるとともに，その篩を介して，種のプール，すなわちそこに生息する生物種の種類と分布が絞り込まれて，最終的には個々の個体群または個体がそれぞれ特徴的な形質を有する．

雑草に目を向ければ，温室効果ガスである大気中 CO_2 濃度の上昇に対する雑草の反応は，CO_2 を材料にして糖を作る光合成と密接に関連しており，CO_2 濃度が上昇すれば，地上部のバイオマスが増加することは容易に想像できる．その反応は C3 植物と C4 植物で異なる．それは，リブロース-1, 5-ビスリン酸カルボキシラーゼ/オキシゲナーゼ（Rubisco）の特性の違いによるもので，C3 植物と異なり，C4 植物は葉内の CO_2 濃度を高く維持することで，光合成能力を高めることができる．そのため，CO_2 の飽和については，C4 植物で早く起こる．つまり，C4 植物では大気中に高濃度の CO_2 が必要ない．ただし，CO_2 濃度の上昇が，C3 植物と C4 植物のどちらに有利になるかについては，現段階で明確な回答はない．しかし，エン

バク（*Avena sativa*）とカラスムギ（*A. fatua*），栽培稲と野生または雑草稲（いずれも *Oryza* spp.）のように，作物と同種の野生種や栽培しない種が競合する場合，すなわち，光合成機構が同じ C3 または C4 植物同志では，CO_2 濃度の上昇で雑草の成長が勝ることが多い．また，栄養繁殖する雑草も大気中 CO_2 濃度の上昇に反応して分布拡大するという報告もあるが，そのメカニズムについてもまだ不明確なところが多い．

　次に，温度に対する雑草の反応である．気温の上昇に伴う植生の変化は，高緯度や標高が高い場所ほど大きいといわれている．個体レベルでも，温度は開花，結実，休眠，越冬性など，植物のさまざまな生理に影響する．九州におけるコヒメビエ（*Echinochloa colonum*）の事例であるが，1988～92 年の気温値で定着不可能と推定された 32 地点のうち，最低気温が 1℃上昇するだけで，7 地点で定着可能になる（森田，1996）．また，野生ヒエの葉齢進展は，有効積算温度の積の 1 次式で推定することができるが，その 1 次式は，出芽時期や地域によって異なる．たとえば，2 葉期への到達速度は，早期栽培においてコヒメビエで 144 時間，タイヌビエで 128 時間早まるのに対して，普通期栽培においてコヒメビエで 32 時間，タイヌビエで 44 時間早まる（森田，2004）．

　他にも温暖化は，雑草の生理や生態にさまざまな影響を与えることが紹介されている（冨永，2001）．たとえば，ミドリハコベ（*Stellaria neglecta*）の発芽温度範囲と土壌温度との関係から，雑草種子の休眠覚醒と発芽が微妙な温度変化によってタイミングがずれることが予想される．また，低温にさらされることによって花芽形成が誘導されるヒメムカシヨモギ（*Conyza canadensis*）やオオアレチノギク（*C. sumatrensis*）は，それぞれ北海道や東北（寒冷地）まで分布を拡大している．さらに，チガヤ（*Imperata cylindrica*）は，北海道や中部の高冷地などに分布する寒冷地型，東北から九州にかけて分布する普通型，奄美大島以南に分布する亜熱帯型に類型化できる．これらチガヤの生育型は，萌芽時期，出穂期，地上部枯死の状況などが異なり，結果として国内の分布域に違いがある．しかし実際は，大型の亜熱帯型の分布域が北へ広がることにより，種内競合が起こっている．

　極端気象も含めて，気象要因と植物との関係は，降雨量の違いに起因する湿潤

や乾燥は湿性・乾性植物，日照時間は短日・長日植物の生理・生態に対して直接的に影響を与えるなど，さまざまにある．CO_2とC3植物やC4植物のところでも若干触れたが，実際にさまざまな気象や環境要因が変動しつつ，複雑に影響しながら，それらの変化に対して，植物も窒素の利用効率や気孔開度など，さまざまに反応しながら，成長やそれに続く分布拡大をしていく．さらに，これらの気候変動に伴う環境変化は，1つの雑草の分布だけでなく，作物－雑草間または雑草間の競合などに影響することで，農耕地やその周辺の植生の変化を引き起こしている．

(2) 気候変動と外来雑草の侵入

　唐突だが，日本では，江戸時代に，冷害，洪水，病害虫によって，稲を収穫できず，寛永，享保，天明，天保の大飢饉が起こったことはよく知られている．当時はそれらの被害を食い止めるためにただただ祈るしかなかった．しかし，現代版"耕作放棄"の主要因は病害虫ではなく，外来雑草であるといっても過言ではない．また，外来雑草は，ここまで述べてきた気候変動の直接的影響として，最も特徴的であり，国内外の農耕地で大きな問題となっている．これは，雑草が国境を越えた広い範囲で分布拡大していることを象徴している．

　日本における外来雑草は，輸入する穀物種子や乾草などに混入した雑草種子が飼料畑を中心に侵入・蔓延・定着し，全国的に被害をもたらしてきた（図3.3）．最近では，ダイズ畑において，マルバアメリカアサガオ（*Ipomoea hederacea*）やマルバルコウ（*I. coccinea*）などの帰化アサガオ類や，特定外来生物であるアレチウリ（*Sicyos angulatus*）などの外来雑草が蔓延し，ダイズの汚粒から耕作放棄までさまざまな被害をもたらしている（澁谷, 2008; 黒川, 2017）．これらの雑草は発芽の温度反応性に差があるものの，その多くが熱帯および温帯が原産で，気温が高いほど生育が旺盛になることが知られている．つまり，地球温暖化に伴って，これらの地域の雑草が住みやすい環境が日本でも増えつつあることを示している．

　海外でも気温上昇に伴い，同様の問題が生じている．アフリカやアジア由来のItchgrass（*Rottboellia cochinchinensis*, ツノアイアシ）が，アメリカ合衆国の中西部やカリフォルニア州に侵入している．同国では，トウモロコシの寄生植物で

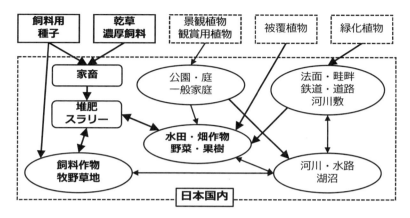

図 3.3 外来雑草の日本への侵入経路
太文字や太矢印は農業関連を示すが,実際は他のこととも複雑に関連している.

ある Witchweed (*Striga* spp.) が,カリフォルニア州からオハイオ州やアイオア州などのコーンベルトにまで拡大している.さらに,学名や英名から日本由来と想像できるスイカズラ (*Lonicera japonica*) やクズ (*Pueraria montana*, 英名：Kudzu) の北限の拡大なども知られている.

次に,雑草の分布予測について述べる.Bushmint (*Hyptis suaveolens*) の将来の地域分布を,10種類の環境要因を用いた MaxEnt (Maximum entropy) モデルで,気候モデルの一つであるハドレーセンター結合モデルバージョン 3 (HadCM3) を用いて解析した (Padalia et al., 2015).その結果,この雑草の 2050 年の潜在分布は,AUC (Area Under Curve, 判別能) ＝0.95 の精度で推測できた.また,最も寒い月の最低気温や最も湿度が高い月の降雨量が潜在分布に大きく影響することも示された.さらに,同じ環境要因を利用して,主成分分析を行った結果,この雑草の在来地と侵入地の分布は異なり,この雑草が暖かい場所を好むと推定された.

また,気候変動による植物の侵入リスク評価には,プロセスベースモデルとニッチベースモデルがある.プロセスベースモデルとは,対象生物の詳細な生理・

生態情報を利用して，それが分布域を拡げる過程（プロセス）を解析するもので，個体群動態モデルもこの1種である．ここでは，それを空間分布の推定まで拡張している．一方，ニッチベースモデルとは，生物の空間的分布情報と環境要因との関係を統計解析することで，生育適地などを推定する．Bushmint で示した MaxEnt モデルもこの一種である．雑草ではないが，ギンカエデ（*Acer saccharinum*）について，地域共存型（B2）と多元化社会（A2）2つの気候変動シナリオにおいて，2000年の状況と2100年の推測をそれぞれの時期のギンカエデの在・不在や消失・定着について両モデルを比較したところ，分布域が北上するという全体の傾向は類似しているものの，空間分布の地域性は大きく異なっていた（Morin and Thuiller, 2009）．

以上，2つの異なるモデルの研究事例を紹介したが，外来植物が生育の場を拡げるには，大気 CO_2 濃度の上昇，気温上昇，降雨の変化，土地利用の変化，窒素沈着・負荷，世界貿易など，直接的・間接的にさまざまな要素が関連する．そのため，ある雑草種に対して，同じ地域や気候変動において 2 つのモデルによって侵入リスクを地理的分布で求めたうえで統合することでリスク評価をすることが肝要としている（Branley et al., 2010）．

その際，解析するスケールによって，気候変動，土地利用，大気中 CO_2 濃度などの影響の大きさが異なることにも留意する必要があるものの，この統合モデルは，雑草の侵入リスクに関する試験やモニタリングの設計にも利用できる．

3. 雑草生態に対する気候変動の間接的影響

間接的な影響はさまざまに想定できるが，ここでは極端気象と除草剤の効果を中心に取り上げる．

極端気象は，急激かつ限定された地域で生じる現象であるので，実際何か起こるかを正確に予測することは難しい一方で，雑草への影響も大きい．第1に土の移動である．豪雨などによる土壌侵食や河川の氾濫によって，土壌とともに雑草種子や栄養繁殖器官が運ばれる．運ばれた種子などの繁殖器官は，土壌が移動した地点で発芽・出芽・成長して分布範囲を拡げる．第2に水の移動である．降雨によって土壌以外に水も移動するが，雑草の繁殖器官はその流れとともに移動し，

土壌や底質に付着・定着し，分布域を拡げる．このような水による移動は通常でも起こる．一般に，水は低いところに向かって流れることから，アレチウリやナガエツルノゲイトウ（*Alternanthera philoxeroides*）などは，その流れを利用して下流域に拡がるという調査結果がある．また，同様の考えから，河川などの地図情報や農業統計情報から，アレチウリの農業被害リスクマップを作成している（Osawa et al., 2016）．話は変わるが，水は必ずしも低いところに流れるわけではない．農業だけでなく，さまざまな目的で水を運搬するための用水路が国内各地に張り巡らされている．特定外来生物カワヒバリガイは，この用水路や貯水池を利用して別の流域にも分布域を拡げている．そのことから，雑草の繁殖器官はそれらを移動経路や繁殖場所として利用することも十分想定される．第3に湿害である．一般に，土壌が水分飽和または過飽和になることで，畑作物の生育に障害や遅延が生じ，水陸両用の雑草の競合性が高まる．また極端気象によって，一時的に圃場周辺に湿地が生成・消失する変化も雑草の分布に影響する．話は変わるが，このような湿害を有効に利用したのが，東南アジアの浮稲栽培である．雨季の多量な降雨によって，水田の水深が数 m に達することがあるが，浮稲は1日に 20〜30 cm のスピードで成長し，穂を水面上に出すことができる．そのような能力を有する雑草はないため，稲の競争力が勝ることになる．その意味で，浮稲栽培は伝統的農法ではあるものの，地球温暖化に起因する洪水などにも対応可能な未来の技術でもある．第4に乾燥である．モンスーンアジアではあまり見られないが，大陸性気候の畑作地帯では一時的な乾燥が大きな問題となる．そのような条件下では乾燥に弱い，たとえば浅根性の作物の生育が抑制され，乾燥に強い，たとえば深根性の雑草の生育が作物との競合に優位となる．地域によっては乾燥に関連した塩害も深刻な問題である．

　除草剤の効果も気候変動によって影響を受ける．第1に気温の上昇である．気温が上昇すれば，一般に雑草の発生期間が夏季を中心に前後に延長する．一方，土壌処理型除草剤の分解も早まる，結果として，発生期間の後期に発生する雑草への効果，つまり残効性の低下によって，それらが蔓延しやすくなる．また，気温が高ければ，雑草における除草剤の作用点の活性も高くなる結果として，除草剤の効果も高まる．一方，除草剤の解毒代謝能も高まり，雑草の成長自体も早まる

ことで，回復も早くなる．第2に大気中 CO_2 濃度の上昇である．これによって効果が低下する．前述の C3・C4 植物などが要因とも推測されるが，原因は明らかではない．また，大気中 CO_2 濃度の上昇は，土壌の炭素蓄積にも寄与するといわれている．そのことが地下部（根・根茎）の増加による多年性雑草の成長を助長し，雑草防除効果の低下に結びつくことも考えられる．第3に乾燥である．大気が乾燥することで，クチクラ層が厚くなる，葉毛が増えるなどの雑草の形態的変化が起こり，結果として農薬の吸収が抑制される．他にも気孔開度と除草剤の効果は密接に関連しており，乾燥時には気孔が閉じることで除草剤の効果が低下すると推測される．第4に畑地における土壌の乾湿の変化である．これは除草剤の根部からの吸収に大きく影響する．たとえば，しばらく乾燥が続いた後，急激な降雨によって，除草剤が下方移動する．そのことで，作物や雑草は水を一気に吸収し，それに伴って除草剤の根部からの吸収が増加することで，薬効高まり，薬害が助長される．第5に除草剤の縦浸透（リーチング）である．第4とも関連するが，たとえば除草剤処理直後，除草剤がまだ土壌にしっかりと吸着していない時期の降雨によって，土壌表層の処理層（除草剤の濃度が高い部分）が薄まり，その下層の濃度が高まるなどの変化が生じる．結果として，たとえば，土壌表層に分布する雑草の効果が低下する，土壌に2〜3 cmの深さで播種・移植した作物の薬害を助長するなどの現象が起こる．

　除草剤の残効性に及ぼす温度の影響の研究事例を紹介する（與語ら，2006）．人工気象室内で水稲用アミド系除草剤を異なる2つの温度条件で田面水に処理し，その後タイヌビエを定期的に播種したところ，田面水中濃度からの推定値とタイヌビエの生育阻害からの実測値のいずれも，残効期間は 20℃に比べて 30℃で短かった（表 3.1）．このことは，温暖化によって除草剤の環境中濃度の減衰が早まることを示している．また，実測値の方が推測値に比べて残効期間が短いのは，雑草の生育促進や体内の解毒代謝能が高まることが要因と推測される．

　また，少し話はずれるが，気候変動によって生物農薬の効果も変化する．ここでは簡単に触れるにとどめるが，気温の上昇や大気中 CO_2 濃度の上昇，さらには湿度の変化によって，植食昆虫の越冬性を含む個体群動態や雑草に対する食性，植物病害の雑草への感染力も変化する．たとえば，気温の上昇は，生物農薬と雑

表 3.1　水稲用アミド系除草剤のタイヌビエに対する残効期間に及ぼす
温度の影響気候変動の間接的影響

除草剤名	処理量＊ (g a.i./ha)	残効期間(日)			
		推定値(＊＊)		実測値(＊＊＊)	
		20℃	30℃	20℃	30℃
プレチラクロール	×1/4～1	26～37	12～27	22～32	11～22
メフェナセット	×1/4～1/2	29～40	17～32	16～24	13～22
テニルクロール	×1/4～1	15～31	12～21	8～22	5～12

＊：慣行量に対する比率(プレチラクロール＝600(g有効成分/ha), メフェナセット＝1,200,
テニルクロール＝200を慣行量とした)
＊＊：薬剤感受性値(I50(海砂を使用), 浅井ら1997)と本試験の田面水中薬剤濃度から求めた
推定値
＊＊＊：茎葉長が対無処理区比の10％程度まで回復するまでの日数を残効期間の実測値とした.

草の両方の生息期間の延長することが推測される．さらに，環境ストレス下では，病害虫の作物への影響が高まることもあり，結果として雑草との競合力に影響する．

4. 気候変動と雑草管理

除草剤の効果に関することは前項で述べたので，ここではオーストラリアでの取り組みを中心に，異なる2つの視点から考える．

(1) 雑草管理の手順

オーストラリアのADAPTNRM (Adapt Natural Resource Management) において，将来の気候変動に対して，以下のような段階 (Step) 的アプローチを提案している (Scott et al., 2014) (図3.4)．

Step 1 は Assessment (評価) である．ここでは，まず対象とするスケールを決めて，温暖化とともにその地域で起こる現象 (乾燥，湿潤，洪水など) を推定する．その地域において，外来植物だけでなく，在来の侵略的植物も対象にすべての分布情報を収集する．その際，当該地域に隣接する地域とも情報を共有する．それは隣接地域に生息する植物種が，現在は当該地域に侵入していなくても，気候変動や土地利用の変化とともに新たな脅威となりうるためである．一方，当該地域内であっても，一部の場所で定着する．また，園芸栽培や家庭で育てている

図 3.4 雑草管理の一般的手順
Scott et al., 2014 の図を日本語を付して改変.

植物も，将来当該地域全体や隣接地域に拡がる可能性がある．そのようにして個々の植物を評価し，管理すべき植物を特定する．

Step 2 は Strategy & Priorities（戦略と優先順位）である．ここでは，生息環境の違いで形態や成長などが変化したり，農業や環境に対して負の影響を与えたりする雑草を優先的に管理すべきものとして選定する．その際，それらのポイントに加えて，侵略性や管理の可能性などから，気候変動への反応を考慮しつつ，潜在的脅威を評価する．すべての雑草をすべての地域で管理することは困難なので，一旦設定した優先順位も，環境の変化に伴って実質的に変更する．

Step 3 は Planning & Action（計画立案と実施），すなわち Implementation management（実施管理）である．優先順位が高い雑草に対して適切な管理を考える．管理方法のオプションとして，在来種の防除効果の低下や，新たに侵入した雑草に対応して，従来の一般的および特殊な状況で利用されてきた方法，さらに極端気象を含む気候変動に対応した新たな防除方法を考える．具体的には，物理的・生物的・化学的防除法だけでなく，緩衝帯などの各種隔離手段も導入する．ADAPTNRM では，さらに雑草のバイオエネルギーなどへの利用まで想定するとしている．

Step 4 は Monitoring（モニタリング）である．これは，今後起こりうる雑草の負の影響を認知するために最も重要な作業である．後述するが，とくに新たに侵入する雑草の早期認知は，その管理のタイムリーな意思決定を可能とするとともに，Step 2 の戦略や優先順位の決定にもフィードバックできる．また，気候変動への雑草の反応を知るためのモニタリングの方法やタイミングも考える必要がある．さらに，土地利用の変化や雑草管理効果も合わせてモニタリングすることが肝要である．このことにより，Step 3 の実施管理にもフィードバックしやすくなる．実際には，とくに外部からの侵入を想定すると，より広範囲にモニタリングする必要があるが，費用対効果を念頭に置きつつ，隣接地域や共同体などにおける取り決めや合意形成を進めながら，できるだけ多くの情報を効果的に収集することが望ましい．

　Step 5 は Evaluation & Reflection（評価と反映）である．ここでの評価は，反映や Step 1 へ繋げることで，継続的な適応管理を実現するためのものである．この段階では，気候変動下において，雑草の新たな脅威に対して，より頻繁なモニタリングや，検出された際の迅速な順応的対応が求められるとともに，雑草の分布に影響する同一地域の他の組織や隣接地域などにおける対応も考慮する必要がある点では，他の Step と共通する．

　この雑草管理手順の一般的なサイクルには含めていないものの，その他にも専門家の知識が求められる場面が多い．たとえば，すでに定着してるものの蔓延していない種（Sleeper species），環境条件の変化などに伴って変貌する種（Transformer species），限られた地域だけに定着している種（Quarantine species）が，今後どのように定着・蔓延するか，またそれを防ぐためにどのような管理手段が効果的かについて，専門家を交えたワークショップなどの情報交換の場を持つことが望ましい．

(2) 雑草の分布と対策コスト

　オーストラリアのサウスウェールズ州におけるバイオセキュリティ戦略では，雑草の分布範囲や影響の時間的変化に伴って，①侵入阻止・早期発見，②根絶，③隔離・拡散スピードの抑制，④負の影響の抑制の 4 段階に分けている（Hobbs and Humphries, 1995; Invasive Plants and Animals Committee, 2017）．この考え

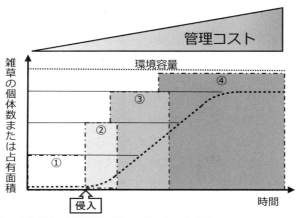

① 侵入阻止・早期発見（Prevention）＝1:100
② 根絶（Eradication）＝1:25
③ 隔離・拡散スピードの抑制（Containment）＝1:5〜10
④ 負の影響の抑制・防除（Asset based protection）：1:1〜5
　（右側の数値：費用と便益の比）

図 3.5 雑草の分布範囲や影響の時間的変化

Hobbs & Humphries, 1995 の図を，Biosecurity Strategy for Victoria, 2009 で改変したものを，日本語を付してさらに改変．

方は，広く外来生物や病原菌などでも適用しているものである．たとえば，食中毒予防の 3 原則として，「つけない（上記の①に相当）」，「ふやさない（同②と③）」，「やっつける（同④）」がある．これは，病原菌や寄生虫に対して，手洗いを含む食材の洗浄や調理器具の殺菌によって付着させないこと，食材や調理食品の保存温度の維持や迅速な提供によって増やさないこと，調理における十分な加熱や寄生虫などの除去によって死滅させることである．

　上記の考えに経済的な視点を加えると，各ステージにおける費用と便益の比は，①で 1:100，②で 1:25，③で 1:5〜10，④1:1〜5 であり，後の段階になるほど便益に対する費用の比率が高くなるとしている（Department of Primary Industries, 2013; Arthur et al., 2015）（図 3.5）．この考え方は，国レベルでは，たとえば輸入農作物などへの混入阻止，地域や圃場レベルでは，収穫物の収量や品質の確保など，当該地域における雑草の発生・分布状況に応じた適切な対策を講じるこ

とに役立つ．つまり，政策立案から生産現場の意思決定まで幅広く活用できる．

オーストラリアでは，約 26,000 種の外来植物が侵入し，そのうち約 1/10 が帰化している．気候変動はこれらの侵入を助長し，管理を増やすことになるため，順応的対応が基本としている．日本は島国であり，オーストラリアとは気候帯も異なるものの，大陸から隔離されていること，近年になって輸入量が急増した点で外来雑草の侵入について共通点がある．その意味で，上述の情報は，日本において，気候変動に伴って侵入・定着・蔓延する国内外の雑草の評価や管理に役立つであろう．

日本でも同様の考え方から，防除の優先度を決定する提案している（西田ら，2013）．具体的には，雑草リスクを環境や農業への影響度と対象地域内の生育可能面積の積，防除コストをその面積当たりの単価と対象地域内の生育面積で表す．それぞれをその程度から 5 段階に類型化して，その組み合わせのうち，雑草リスクが最も大きく，防除コストが最も小さい雑草については，根絶を目指して優先的に防除する．逆に雑草リスクが最も小さく，防除コストが最も大きい雑草については，頻度を低めてモニタリングを継続することを提案している．

その他に，雑草対策の基本的な考え方として，除草必要期間がある．これは，光，養分，水分など，作物が雑草と競合する要因に対して，作物を優位にすればよいという考え方である．除草剤の処理時期や中耕培土などの耕種的防除なども基本的にその考え方に基づいている．

さらに，その考えを化学的管理に発展させた「抑草剤」がある．石塚皓造は，加里研究（1984）の中で，「・・・除草剤は，殺草作用という極端な効果のみではなく，生長調節機能の面が強く出されている可能性もあろう（たとえば抑草剤）．・・・個体を死に至らしめないで雑草の特定の生理機能のみを選択的に制御するような，・・・・も除草剤の範疇に入れられる可能性があろう．」と述べている．その後，日本植物調節剤研究協会は，抑草剤について，「畦畔，農道などの農耕地周辺，道路，鉄道法面，堤防など非農耕地の中でも，草刈りなどにより，比較的集約的な管理が求められる雑草を，美観を損なわない程度に抑制し，長期間低い草丈で維持することを目的とした薬剤」と具体的に定義（1997 年）し，研究会を立ち上げている．この技術は，すでに単剤や混合剤などが開発・実用化さ

れているが，極端気象で懸念される土壌侵食防止などにも役立つことであろう．

　乾燥や高温などの気候変動を考えれば，海外ではすでに除草剤耐性や害虫耐性などで実用化されている遺伝子組換え（GM）作物も対策手段の1つであろう．東京大学のグループは，乾燥や高温を含むさまざまな環境ストレスに対して応答する転写因子（DREB）を発見した．現在は，IRRI, CIMMYT, CIAT, ICRISATなど，さまざまな国際研究機関との共同研究を通して，このDREB遺伝子を，稲，小麦，トウモロコシ，豆類などの作物にGM技術を利用して導入し，実証試験を進めている．

　以上，全体を俯瞰すると，繰り返しになるが，気候変動に起因する雑草問題への対策は，2(2)で述べた外来雑草対策との類似性が高い．逆に在来種の国内移動や適応にも共通するところが多く，ここで述べた考え方は幅広く利用できる．なお，これらのことについては，最近の総説（Amare, 2016; Ramesh et al., 2017）も参考になる．

5. おわりに

　2017年8月に農林水産省から「レギュラトリーサイエンス研究推進計画」の改定案が提出された．水稲と大豆に限定されているものの，初めて「雑草」の2文字が危害要因として単独で別表にリストされた．植物保護の分野では画期的な提案である．

　近年の地球温暖化（気候変動）が人為的要因によるのであれば，理論的には人間による制御は可能である．しかし，現在の社会経済的情勢から考えると，温暖化は今後も進行傾向にあり，それを止めることは困難と考えるのが現実的であろう．そのため，そのことが引き金となって生じている冬季でも枯死しないなどの雑草の生態の変化や，コストや労力の増大などのさまざまな雑草管理の課題を受け入れた対策を講じる必要がある．

　また，最初に述べたように，植物である雑草は，動けない分，さまざまな環境ストレスに対する応答（自主防衛）メカニズムを有している．一方，繁殖器官は受動的ではあるが，さまざまな方法で移動し，その分布域を拡げる．従来の雑草対策は，総合的雑草管理（Integrated Weed Management）も含めて，圃場と畦

畔などその周辺の管理を中心に立案・実施，または，単一の栽培時期における防除価を高めることに注力してきた．しかし，近年のダイナミックな気候変動に適応した雑草管理を効率的かつ持続的に実現するには，時間的，空間的，さらには経営的に，作付け体系を含む複数年次，地域や景観レベル，さらに耕畜連携まで幅広く捉え，総合的農業生態系管理や総合的農業経営体系の発想を導入して，計画・実行することが肝要である．

引用文献

Amare, T. 2016. Review on Impact of Climate Change on Weed and Their Management. American J. of Biol. and Environ. Stat. 2:21−27.

Arthur, T., R. Summerson and K. Mazur 2015, A Comparison of the Costs and Effectiveness of Prevention, Eradication, Containment and Asset Protection of Invasive Marine Species Incursions. ABARES. 1−46.

Bradley, B. A., D. M. Blumenthal, D. S. Wilcove and L. H. Ziska 2010. Predicting plant invasions in an era of global change. Trends in Ecol. and Evol. 25:310−318.

Department of Primary Industries, a division of NSW Department of Trade and Investment, Regional Infrastructure and Services 2013. New South Wales Biosecurity Strategy 2013–2021, 1−47.

萩本宏 2001. 雑草の定義と雑草学の役割, 雑草研究 46:56−59.

Hobbs R. J. and S. E. Humphries 1995. An Integrated Approach to the Ecology and Management of Plant Invasions. Conservation Biol. 9:761−770.

Invasive Plants and Animals Committee 2017. Australian Weeds Strategy 2017–2027, 1−43.

黒川俊二 2017. 農耕地における外来雑草問題と対策, 雑草研究 62:36−47.

Morin, X. and W. Thuiller 2009. Comparing niche- and process-based models to reduce prediction uncertainty in species range shifts under climate change. Ecology, 90:1301−1313.

森田弘彦 1996. 九州地方に発生したコヒメビエの小穂と穂の形態と低温での種子の死亡条件から推定した定着不可能地点, 雑草研究 41:90−97.

森田弘彦 2004. 発生生態の解明と実用的識別法に基づくイネ科水田雑草の制御戦略に関する研究, 九沖農研報告 44:1−53.

西田智子・山本勝利・細木大輔 2013. 自然植生保全地域における緑化植物の生態的影響と管理. 雑草研究 58:85−89.

Osawa, T., S. Okawa, S. Kurokawa, and S. Ando 2016 Generating an agricultural risk map based on limited ecological information: A case study using *Sicyos angulatus*. Ambio. 45:895−903.

Padalia, H., V. Srivastava and S.P.S. Kushwaha 2015. How climate change might influence the potential distribution. Environ. Monit. Assess. 187:210.

Peters, K., L. Breitsameter and B. Gerowitt 2014. Impact of climate change on weeds in

agriculture: a review. Agron. Sustain. Dev. 34:707−721.
Ramesh, K., A. Matloob, F. Aslam, S. K. Florentine and B. S. Chauhan 2017. Weeds in a Changing Climate: Vulnerabilities, Consequences, and Implications for Future Weed Management. Front. in Plant Sci. 8: Article 95.
Scott, J. K., B. L. Webber, H. Murphy, D. J. Kriticos, N. Ota and B. Loechel 2014. Weeds and Climate Change: Supporting weed management adaptation. ADAPTNRM, 1−72.
澁谷知子・浅井元朗・中谷敬子・三浦重典 2008. 帰化アサガオ5種の発芽における温度反応性の種間差，雑草研究 53:200−203.
冨永達 2001. 温暖化による雑草の発生と分布の変化，農林水産技術研究ジャーナル 24:31−35.
冨永達 2003. 絶滅に瀕する高知雑草の現状，京都府立大学学術報告「人間環境学・農学」55:101−105.
與語靖洋・陳為釣・浅井元朗 2006. 水稲用アミド系除草剤のタイヌビエに対する残効期間に及ぼす温度の影響. 雑草研究 51(別):142−143.

第4章
地球温暖化によって果樹の栽培適地はどうかわる？

杉浦俊彦
農研機構果樹茶業研究部門

1. はじめに

　サクラの開花日は，1953 年以降，10 年あたり 1.0 日の変化率で早くなっており，カエデの紅葉日は，10 年あたり 2.9 日の変化率で遅くなっているという（気象庁，2017）．これは気候変動の影響が樹木にはすでに現れていることを示しており，その影響は果樹においても様々な形で顕在化している．今後，地球温暖化が進行すれば，さらなる影響が現れることも想像に難くない．この章では，温暖化によって，わが国の果樹にどのような影響が現れているか，今後どうなるのか，また，生産者が取り得る対策はどのようなものがあるのかについて，最近の研究を整理する．

2. 顕在化してる温暖化の影響

(1) 温暖化影響のメカニズム

　果樹は温暖化の影響が現れやすい作物であるが，その原因は，果樹の気候に対する適応性の幅の狭さにある．例えば，水稲の栽培が北海道から沖縄まで広がっているのに対しウンシュウミカンの産地のほとんどは，千葉以西の太平洋側の海沿いの地域である．ウンシュウミカンの栽培適温は年平均気温で 15℃から 18℃の狭い範囲にあり，こうした状況下では年平均気温が 1℃上昇しただけでも影響を免れないことは容易に想像できる．そのため，各都道府県の公設農業関連研究

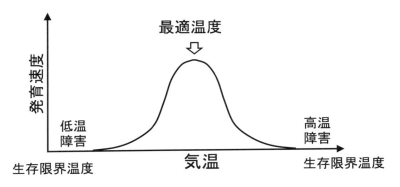

図1 発育速度と気温の関係

機関を対象に実施したアンケート調査で,果樹は全都道府県で影響がすでに顕在化していることが指摘されている(杉浦ら,2007; Sugiura et al., 2012).

　気温の上昇によって果樹に影響が現れる生理的なメカニズムは,大きく分けると 2 つあり,ひとつは,気温の上昇によって,果樹が発育する速度が影響を受けることである(図1).ここで言う発育とは,生育相の質的な変化のことであり,例えば蕾が開花したり,若い果実が成熟したりすることであって,量的な変化(果実の重量が重くなったり,枝の長さが伸びたりすること)とは異なる.一般に,植物の発育のスピードは気温に強く依存しているが,高温ほど速く発育するというわけではない.発育には発育速度が最大になる最適温度があり,最適温度より高温になるほど,また,最適温度より低くなるほど発育速度は低下する.したがって,最適温度よりも気温が高い季節に気温が上がると発育は遅延し,逆に最適温度よりも気温が低い季節に気温が上がると発育が促進される.最適温度は樹種や品種によって異なり,同じ個体であっても部位や時期によって最適温度は上下する.

　もうひとつは不可逆的な高温障害の発生であり,極端な場合,樹全体あるいは一部の器官が枯死することもある.上述の発育速度の変化が,ある程度の期間の平均的な気温上昇で発生するのに対し,これは,極端な高温に一瞬でもさらされることで発生してしまう.

（2）果実の日焼け

　湿度や風速等の条件にもよるが，果実の温度より気温の方が高ければ，一般に果実温度は上昇し，太陽からの直達光（直射日光）が当たった部分は局所的により高温となる．このようにして，果実表面が部分的に高温になることにより，果皮やその下の果肉組織の一部が茶色や黄色等に変色する障害は日焼けと呼ばれる．夏季の気温が高くなれば，日焼けの発生可能性は当然高まる．

　果実の日焼けはリンゴやカンキツ，ナシ，ブドウ，パインアップルなど多くの樹種でみられ，変色だけでなく，場合によっては硬化，陥没することから，こうした果実は廃棄される．軽く変色しただけの軽症のものは，生食用としては販売できず，加工用にされることもある．

　果実の日焼けの特徴として，樹の東側や北側よりも西側や南側に多く発生する．北側は日当たりが悪いので発生しにくく，南側は日がよく当たるので発生しやすい．気温と樹体温の変化はタイムラグがあり，樹体温度の変化の方が遅れ，ピークが午後 2 時過ぎとなるため，果実温度が高いときに直射日光が当たる西側の果実も日焼けを起こしやすい．

（3）果実の着色不良と着色遅延

　温暖化を背景にリンゴ，ブドウ，ウンシュウミカン，カキなどの果実の着色不良あるいは着色遅延が多発している．一般に，若い果実は果皮が緑色であるが，果実が成熟する一ヵ月程度前から，果皮の着色が始まり，リンゴは赤，ブドウは黒や赤紫色，カンキツやカキは橙色になる．リンゴやブドウの果皮は，カエデなどの紅葉と同様に，若いときは葉緑素により緑色に染められているが，やがて葉緑素が消失し，代わりの色素であるアントシアニンが合成されることで赤色や紫色になる．気温が高いと葉緑素の消失やアントシアニン合成の速度が遅れ，果皮の着色が進まなくなる．カンキツやカキの色素はカロテノイドであるが，やはり高温で着色が遅延する．

　こうした色素の変化も発育の一部であり，最適気温が存在する．リンゴでは，品種による差もあるが，着色適温は 20 ℃程度で，25 ℃以上になると，ほとんど着色は進まなくなる．リンゴが着色する秋季は着色適温より高温の日が多いため，気温上昇は着色を阻害する方向に働く．ブドウでは 24 ℃までは低温ほど着色し

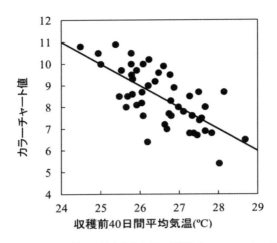

図2　ブドウ（巨峰）の果皮色と気温の関係（Sugiura et al., 2017）

やすい（図 2）．果皮色の着色程度で収穫期を決めている場合は，高温により収穫が遅延することになるが，あまり収穫が遅れると果肉が軟化して貯蔵性が低下することから，着色不良のまま収穫することになる．また，ウンシュウミカンでは温暖化によって開花が早まると同時に，秋季の高温で着色が遅れ収穫が遅延すると，果実生育期間が拡大する．その結果として果皮が老化し，果皮と果肉が分離しやすくなり，浮皮の多発につながる．

(4) 開花期の前進と晩霜害

　一般に温暖な地域ほど，また同じ地域でも春の気温が高い年ほど，果樹の開花は早くなるが，これはサクラの開花が早くなるのと同じ原理である．生理的に説明すると次の通りである．

　落葉果樹の芽は，春から夏季に分化（芽ができ始めること）した後，ある段階まで生長すると休眠に入る．休眠は相関休眠，自発休眠，他発休眠の 3 つのステージに分けることができる．このうち，自発休眠期が終了する（自発休眠覚醒という）ための最適温度は 6 ℃程度とかなり低い．すなわち一定期間低温に遭遇しないと，自発休眠覚醒して次の他発休眠に進めないことから，自発休眠期は低温要求性を持つ発育ステージといわれる．逆に他発休眠期の最適温度は 20 ℃以上

第4章 地球温暖化によって果樹の栽培適地はどうかわる？　（ 63 ）

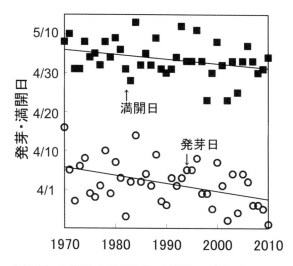

図3　リンゴ（ふじ）の長野における発芽日と満開日の変化（Sugiura et al., 2013）

と，冬から春における気温よりもかなり高く，他発休眠期においては高温ほど発育が早まって，発芽や開花が早くなる．温暖化により，自発休眠覚醒は遅れるが，次のステージである他発休眠期の発育がそれ以上に早く進むことが多いため，多くの地域では徐々に発芽や開花が早くなってきている（図3）．

　さて，休眠状態の芽は寒さに強いが（芽は越冬のための器官である），発芽や開花後は耐凍性が急速に低下し，気温が0℃以上でも花や若葉，幼果が低温障害を起こすことがある．この被害は，霜が降りるような日に発生することが多いため，霜害あるいは晩霜害と呼ばれる．開花期が早いと，開花期が降霜期と重なるため，生産現場では晩霜害を強く警戒する．春の気温が高ければ，開花だけでなく終霜（その年の最後の霜）も早くなるはずだが，終霜が早くなる以上に開花が早まる地域も多いと考えられる．

　実は同じ1℃の気温上昇を想定した場合，開花の早くなり方は地域によって異なる．おおざっぱに言えば寒くて開花が遅い地域ほど開花の早まり方は大きくなるが，その理由は以下の通りである．

自発休眠覚醒期は暖地ほど遅くなるものの，通常は冬季（12〜2月ごろ）である．そのため，自発休眠覚醒期が多少前後しても，結局は3月以降の気温上昇を待たないと他発休眠から開花に移行できない．しかし，暖地では気温上昇が進んで自発休眠覚醒が2月を過ぎると，寒い日が減ってくるため，自発休眠覚醒期が大幅に遅延してしまう．こうなると，気温が高くなるほど開花の早くなり方は小さくなる．したがって，温暖化は暖地と寒冷地の開花日の差を小さくする効果があるといえる．

　果樹とは異なるが，暖冬年において，ソメイヨシノなどサクラ開花が，気温が高い鹿児島よりも福岡や東京の方が早くなったり，種子島では開花しなかったりすることがある．沖縄では，ソメイヨシノは開花しないため栽培されないが，ヒカンサクラは沖縄本島内で北から南へ，また標高の高いところから低いところへと，内地のサクラと逆の順で咲くことが知られている．こうした果樹の開花期の早まり方の地域差や，サクラの不思議な生態は，極めて温暖な気候になると，自発休眠覚醒が非常に遅くなることで説明される．

　また，ニホンナシやモモの加温施設栽培では，低温に遭遇する時間が制限されるため，暖冬により，発芽や開花が著しく遅延したり，開花しないという問題が発生することがあり，眠り症とよばれることがある．

（5）食味の変化

　温暖化は果実の食味にも影響を与えていることが知られている．同じ場所で栽培したリンゴの過去40年間の品質調査結果から，毎年，同一の日の収穫果で比較すると，長期的に，酸含量は減少し，糖度は増加する傾向にある．したがって，人が感じる甘みの指標としてよく用いられる糖酸比（糖度/酸含量）は上昇し，リンゴの食味は徐々に甘く感じられるようになってきている（図4）．

　これは春季の温暖化に伴い，発芽や開花が早まり，果実の生育期間が長くなっていることが要因のひとつで，果実は生育期間が長くなるほど果実内の酸が消耗し，逆に糖が増える性質をもっていることによる．また，秋季の高温が果実の呼吸を促し，果実内の酸の消費をさらに促進していることも要因としてあげられる．こうした気温上昇による酸の減少はリンゴ以外でも，ブドウ，カンキツ，パインアップル等多くの果樹で認められる．

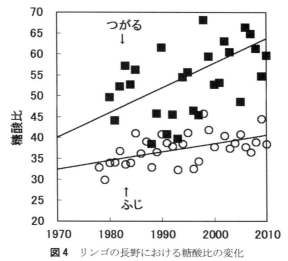

図4 リンゴの長野における糖酸比の変化
「つがる」は9月1日,「ふじ」は11月1日時点. (Sugiura, et al., 2013)

醸造用ブドウの品質も変化するため,温暖化はワインの味も変化させる.ワインの酸味を保つため,ブドウの早期収穫に踏み切ると,酸含量が高くても,他の風味が十分出ない場合もある.ワインの色もブドウの着色で決まるため,高温で果皮のアントシアニンが減れば,赤ワインの赤さにも影響する.

3. 温暖化適応技術

温暖化の被害を防ぐ対策や,温暖化の利点を積極的に活用する方向での対策は,温暖化適応策と呼ばれるが,果樹分野の適応策には,3つの段階がある.最初の段階(ステップ1)は現在栽培している樹を活かしたまま,栽培方法の改善による適応策で,「栽培技術による適応」である.現時点で実施されている適応策の多くはこの段階である.ステップ2は「高温耐性品種への更新」であり,ステップ3の「樹種転換」は他の樹種への改植などにより,その土地でこれまで栽培してこなかった樹種に取り組むことである.

(1) 栽培技術による適応（ステップ 1）

　温暖化の影響は樹体の温度が通常より高くなることで発生するため，樹体全体や果実の温度を下げることで改善できる問題もある．そのひとつとして，樹を遮光ネットで覆うことで果実の日焼けを軽減する対策が実施されている．ウンシュウミカンの日焼けや浮皮対策として，樹の上部の日当たりのよい部分の果実をすべて摘果し，樹の下部に成っている果実を残す樹冠上部摘果や，樹の表面に成る果実を摘果し，内側の日陰になりやすい部分の果実を残す表層摘果が有効である．また，試験段階であるが，樹上から散水することにより，樹を冷やすことも検討されている．

　一方，樹体温度を下げないで温暖化影響を軽減する方法もある．リンゴやブドウ果皮の色素であるアントシアニンは，果実に蓄積された糖などの光合成産物から合成される．そのため，光合成産物が多いと，気温が高くてもアントシアニンが合成されやすく，その結果，着色が進む．そこで，反射マルチを圃場に展張することにより，樹に当たる光を増すことで光合成量を増やすことや，果実数を減らすことで果実間の光合成産物の競合を抑え，ひとつの果実あたりの光合成産物を増やすことも，収量は犠牲となるが着色改善を図る有効な方法である．また，環状剥皮は，果実が着色を始める前に幹の皮を剥いで篩管を切断し，葉で作られた光合成産物が剥皮部より下部の幹や地下部に分配させないことで，果実に入る光合成産物を増加させる技術である．

(2) 高温耐性品種への更新（ステップ 2）

　果樹の場合，苗木の栽植後数年間は収益が得られず，改植は容易ではない．しかし，栽培技術による対応は，対策のために毎年余計なコストや労力を必要とすることが多いため，高温の被害が数年に一度であればよいが，同じ被害がたびたび発生するのであれば，高温耐性品種に更新する方が効率的である．

　リンゴの主要品種である「ふじ」や「つがる」ではオリジナル品種より着色しやすい，着色系統と呼ばれる枝変わり（突然変異）品種が活用されている．そのほかリンゴの「秋映」，ブドウの「涼香」など着色のよい品種が開発され，普及しているものもある．また，ブドウの「シャインマスカット」やリンゴの「もりのかがやき」など，もともとアントシアニンがほとんどできない黄青色や黄色の

品種で，食味のよいものが開発されており，これらを利用することにより着色の問題を回避することができる．

　ウンシュウミカンでは，果皮と果肉の間に隙間ができる浮皮の多発が温暖化の最も重要な問題になっており，浮皮が発生しにくい「させぼ温州」や「ゆら早生」などの導入が進められている．また，ウンシュウミカンは温帯性のカンキツであるが，亜熱帯や熱帯で栽培されるスイートオレンジとの交配品種である「清見」，「デコポン（しらぬい）」，「せとか」，「はれひめ」，「みはや」などが多数育成されている．これらは，手で皮がむけ，かいよう病に強いウンシュウミカンという特性と，スイートオレンジの香りや浮皮になりにくい特性を合わせ持ち，温暖化対策としても活用されている．

　わが国で栽培されているモモは自発休眠覚醒まで1000時間前後の低温を必要とするものが多いが，ブラジルでは果実品質は劣るものの，300時間程度の低温で自発休眠覚醒する品種が栽培されている．そこで，ブラジルと日本の品種が交配され，日本の品種と同等の果実品質を持ち，自発休眠覚醒に必要な低温が大幅に短い「さくひめ」が2017年に発表され，普及が期待されている．

(3) **樹 種 転 換**（ステップ3）

　より長期的な戦略として，その土地では新規となる樹種への取り組みがある．落葉果樹をより高温に適した常緑果樹に改植するなど，新たな樹種を新植する樹種転換や，これまで果樹を栽培していなかった寒冷地等を新たに果樹園として整備する新規開園がある．これらには多くの投資や新たな栽培技術の習得が必要となる．また，果樹は青森のリンゴ，福島のモモ，鳥取のナシ，愛媛のウンシュウミカン，長崎のビワ等，地域のブランドが確立していることが多いが，樹種転換はそれを捨てることにもなり，ハードルは極めて高い．

　カンキツやカキ，ブドウなどではもともと傾斜地で栽培されていることも多いため，より標高の高い場所を新たに開拓して，圃場を拡張することが個々の生産者レベル実施されている．また，青森県や秋田県などで早生リンゴに変えてモモを植えたり，北陸などの日本海側でカンキツを栽培したり，西南暖地でウンシュウミカンの代わりに亜熱帯果樹を栽培するなどの取り組みが行われている．

4. 将来の栽培適地北上

　IPCC（国連気候変動に関する政府間パネル）は2013年の第5次報告書の中で，地球の気温は今世紀末には現在（1986-2005年）と比較して0.3〜4.8℃上昇するとしている．一層の温暖化は，果樹の栽培適地を，将来，ダイナミックに変化させる可能性をもつ．果樹の栽培適地は気象条件，地形，土壌条件など自然条件や，消費地との距離など社会的条件で決まるが，最も重要な要因は気温である．栽培地の北限は，厳冬期の低温に樹が耐えられるかどうか，また，果実が正常に生育，成熟するためにはどのくらい暖かい期間が必要か，果肉中の酸は十分減少するか等によって決まる．一方，南限は，高温障害が発生しない，あるいは発生しても低頻度，小規模にとどまるかどうか等で決まる．

　リンゴの適温は年平均気温 6℃から 14℃で，この地域は北海道南部から東北地方および関東，北陸以南の内陸部など広い地域に広がっており（図5），現在の主産地はこの中に含まれる．50年後には東北中部の平野部まで適温域よりも高温の地域になる一方，現在，道南を除き気温が低すぎて栽培が難しい北海道は，ほぼ全域が適温域に入ると予想される．

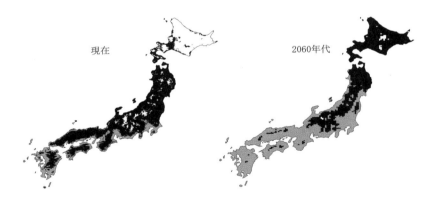

図5　現在（1971〜2000年の平年値）と2060年代におけるリンゴ栽培に適する年平均気温（6〜14℃）の分布
　　　黒色：適地．白色：より低温の地域．灰色：より高温の地域（杉浦ら，2004）．

ウンシュウミカンの栽培適温は上述のように年平均気温15℃から18℃で，この温度域は現在，千葉以西の太平洋側の海沿いの地域に該当する．適地は徐々に北上し，50年後には本州の日本海側や，南東北の沿岸部まで適地が広がる一方で，現在の主産地のほとんどが高温になりすぎる可能性がある．

　以上のように，温暖化は，現在の主産地にとって非常に厳しいものであるが，逆にこれまで栽培が難しかった作物が作れるようになることはメリットといえる．例えば，産地が南西諸島や伊豆・小笠原諸島などほぼ島嶼部に限られている亜熱帯果樹が，将来は九州，四国，本州で大規模に生産可能になることが予測されている．わが国で最も生産量の多い亜熱帯果樹である亜熱帯性カンキツのタンカンは，年平均気温が17.5℃以上かつ年最低気温（年間で最も寒い日の最低気温）が−2℃以上が適地である．この条件で適地を推定すると2040年頃には関東平野南部以西の本州太平洋側や四国沿岸部にも適地が広がり，関西や首都圏の一部もこのころには亜熱帯化して栽培が可能な地域も現れると推定される．2060年頃になると西日本の日本海側にも適地が広がり，現在のウンシュウミカン産地の多くは亜熱帯果樹生産が可能な温度帯となる（Sugiura et al., 2014）．

　実際，愛媛県南部では，亜熱帯性カンキツのブラッドオレンジの産地化にすでに成功している．また，九州を中心に，本州でも栽培が広がりつつあるパッションフルーツは春に苗木を圃場に定植すれば，その年の夏から秋にかけて収穫できる野菜的な栽培が可能な亜熱帯果樹である．そのため，苗木の越冬施設さえ整備すれば，少なくとも関東以西のカンキツ地帯で栽培できる可能性がある．そのほか，亜熱帯果樹生産にはアボカド，ライチー，アテモヤ，チェリモヤ，ドラゴンフルーツ，マカデミアナッツなど様々な樹種があり，今後の国内栽培の拡大に期待したい．

引用文献

気象庁　2017. 気候変動監視レポート2016. 気象庁，東京. 33-57.
杉浦俊彦・横沢正幸　2004. 年平均気温の変動から推定したリンゴおよびウンシュウミカンの栽培環境に対する地球温暖化の影響. 園学雑. 73:72-78.
杉浦俊彦・黒田治之・杉浦裕義　2007. 温暖化がわが国の果樹生産に及ぼしている影響の現状. 園芸学研究. 6:257-263.

Sugiura, T., H. Sumida, S. Yokoyama and H. Ono 2012. Overview of recent effects of global warming on agricultural production in Japan. JARQ. 46:7-13.

Sugiura, T., H. Ogawa, N. Fukuda and T. Moriguchi. 2013. Changes in the taste and textural attributes of apples in response to climate change. Scientific Reports. 3:2418.

Sugiura, T., D. Sakamoto, Y. Koshita, H. Sugiura and T. Asakura 2014. Predicted changes in locations suitable for tankan cultivation due to global warming in Japan. J. Jpn. Soc. Hort. Sci. 83:117-121.

Sugiura, T., Shiraishi M., Konno, K., Sato, A. 2017. Prediction of Skin Coloration of Grape Berries from Air Temperature. Hort. J. (Advance publication OKD-061)

第5章
塩からい水で魚と野菜を育てる
―乾燥地での持続的な食料生産をめざして―

山田　智
鳥取大学農学部

1. はじめに

(1) 乾燥地における諸問題

乾燥地は，世界の陸地面積の約40パーセントを占めるほど広大であり，5大陸

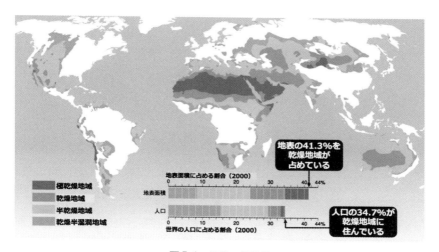

図5.1 世界の乾燥地
地表の約40パーセントを乾燥地が占めており，人口の3分の1が乾燥地に住んでいる．
出典：Millennium Ecosystem Assessment (2005) より改変して引用．

のいずれにも分布する（図 5.1）．この乾燥地は当然水資源が乏しいが，日射量が豊富であること，気温が高く湿度が低いことから病害虫が発生しにくいこと，また平坦で広大な面積を占めることから，農作物の生産にとっては，好ましい条件も整っており，世界の穀倉地帯を形成していることも事実である．しかし近年，乾燥地における水資源の減少が加速するとともに，塩性化など水質の劣化も国際的な問題となっている．これらは，気候変動に加えて過剰灌漑や過剰施肥などにより引き起こされる．塩性化した（塩からい）水を灌漑用水として露地栽培に利用すると，土壌の塩類化が進行し，作物生産は減少することになる．このことを塩害という．

いっぽうで，世界人口の増加には歯止めがかからず，2050 年には 90 億人に達すると予測されている（図 5.2）．この増加し続ける人類を支えるために，食料の増産が必要となるが，作物の生産について考えてみると，ここ半世紀における育種による多収穫品種の作出技術や施肥管理など栽培技術，また高度な灌漑技術などの目覚ましい開発により，単位土地面積当りの収量はほぼ頭打ちとなっている．すなわち，広大な乾燥地における革新的な食料生産技術の開発が求められている

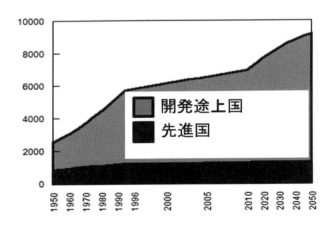

図 5.2 世界人口の推移
縦軸の単位は（100 万人）である．

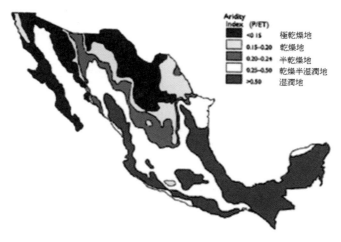

図 5.3 メキシコの乾燥地

と言えよう．本章では，乾燥地における持続的な食料生産をめざした，塩分を含む水を利用した革新的な食料生産技術の開発を紹介するが，この取り組みは現在メキシコの乾燥地で進めている．

メキシコも上述した世界で起こっている問題を抱えており，国土の約半分が乾燥地であり，2,000万ヘクタールの農地の約3分の1が北西部の乾燥地に存在している（図5.3）．このメキシコの乾燥地でも，過剰灌漑による地下水の枯渇，塩類集積による土壌劣化，そして沙漠化が急速に進行している．チワワ州では，2012年には70年ぶりの大干ばつにより農産物の被害は約1,000億円に昇った．また，メキシコでは近年，急激な人口増加（年人口増加率約1パーセント）により，水需要だけではなく食料需要も急上昇していることから，水資源を有効利用した革新的な環境保全型食料生産技術の確立に対するニーズが高くなっている．

(2) 水産物養殖と作物栽培の結合による食料生産法，アクアポニックスとは？

同じ用水を用いて，水産物の養殖と植物の水耕栽培を行なうシステムのことをアクアポニックスとよぶ（図5.4）．養殖（Aquaculture）と水耕栽培（Hydroponics）

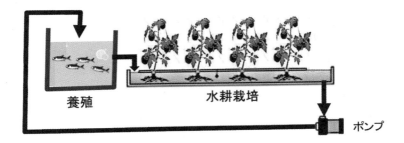

図 5.4 アクアポニックスの概要
同じ水を用いて水産物養殖と植物の水耕栽培を同時に行なうシステムのことである．水産物の排泄物を微生物が分解し，植物がそれらを養分として利用する．

図 5.5 チナンパ
池や湖の水面にいかだのようなものを浮かべて，その上で野菜の栽培を行なう農法のことである．アステカ時代の農法であり，アクアポニックスの起源であるという説がある．

から生まれた造語であり，すでに 30 年以上前に考案されている．このシステムでは，水産物の排泄物を微生物が分解し，植物がそれらを養分として利用するために，水とミネラルの効率的な利用が実現できる．アクアポニックスの起源については諸説あるが，古代メキシコにおいて，池や湖の水面にいかだのようなものを浮かべて，その上で野菜栽培を行なう農法"チナンパ"が起源であるとする説もある（図 5.5）．現在のアクアポニックスには，様々な種類がある．観賞用の熱帯魚や金魚を飼育する水槽の直上にハーブ類を栽培する装飾性の高いものもある．また，大規模な植物工場のような規模のアクアポニックスもある．

　筆者は，乾燥地における塩分を含む灌漑用地下水を利用した革新的な食料生産技術として，このアクアポニックスに注目した．

(3) 新しいアクアポニックス

　乾燥地の農地では，地下水が塩性化しやすい．これは過剰灌漑や過剰施肥などの不適切な管理によるところが大きい．塩性化した水は，作物に塩害を引き起こすばかりでなく，土壌劣化も引き起こす．筆者らは，日本とメキシコの研究者らからなるプロジェクトを立ち上げて，塩分を含む水を利用した露地栽培結合型アクアポニックスを開発している（図 5.6）．塩分濃度が高い地下水を圃場に灌漑すると，一般的な作物であれば塩害により成育を低下させる．本アクアポニックスでは，はじめに，塩性化した灌漑用地下水を用いて，耐塩性を有する水産物の養殖を行なう．飼育水の塩分濃度は，蒸発によりある程度濃縮されるが，水産物の排出物や餌由来の窒素やリン等といった作物にとっては養分となる元素濃度は著しく上昇する（図 5.7）．次に，この養殖廃液を用いて作物の水耕栽培を行なう．

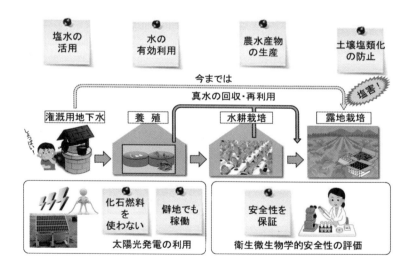

図 5.6 露地栽培結合型アクアポニックスの概要

塩分を含む地下水を水産物養殖に用いた後に，作物の水耕栽培に用いる．水耕栽培では，塩分を吸収することにより成長することができる好塩性作物を栽培する．水耕栽培により低塩化された水を最後に露地栽培に用いる．システム稼働に必要となる電力は太陽光発電により賄う．また迅速・高精度な微生物モニタリング法により，生産物やシステムの衛生微生物学的安全性を保証する．

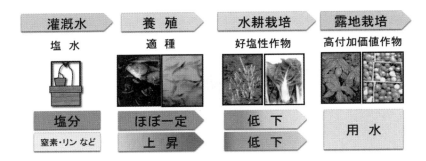

図 5.7 露地栽培結合型アクアポニックスにおける用水の水質の推移
養殖により用水の塩分濃度はあまり変わらないが，水産物の餌や排物により作物にとっては養分である窒素やリンが付与される．しかしこれらは，水耕栽培における好塩性作物により吸収され低濃度になるために浄化された水が露地栽培に使われることになる．

栽培作物は，塩分を吸収して成育することが可能な好塩性作物とし，水耕培養液中の養分や塩分を吸収する．この結果，水耕液の塩分は減少するが，植物は水を塩分より多く吸収し葉面から蒸散により消失させるために，水耕液の塩分濃度は，栽培後には高くなってしまう．水耕廃液の塩分濃度を低下させるために，養殖や水耕栽培によって，大気に放出された水分を除湿機により回収し，水耕廃液に還元する．さいごに，低塩化した水耕廃液を用いて，作物露地栽培を行なうことから，土壌の塩類化が徐々に軽減されることになる．

本アクアポニックスは，乾燥地における新しい食料生産法であるが，その持続性を補強する仕組みを包含している．本アクアポニックスは，太陽光発電により，必要となる全電力を賄う計画である．これにより送電線の通わない僻地での稼働が可能のなる上に，化石燃料を使わないことから地球温暖化を促進することはない．さらに，生産物およびアクアポニックスシステムにおける迅速且つ高精度な衛生微生物学的安全性評価法を確立する．これにより，危害微生物等による汚染を心配する必要がない，安全性を保証する．

本アクアポニックスの試験用モデルを，メキシコ北西部生物学研究センター（CIBNOR）敷地内に建設した（図 5.8）．水産物の養殖，作物の水耕栽培および露地栽培施設をハウス内に設置し，太陽光発電システムをハウスに隣接させた．

図 5.8 露地栽培結合型アクアポニックスの試験用モデル
メキシコ北西部生物学研究センター（CIBNOR）（南バハカリフォルニア州ラパス市）敷地内に，露地栽培結合型アクアポニックスの試験用モデルを建設した．

将来的には，このアクアポニックスを民間農地に建設し，生産者が実際に稼動させることが可能であるかについて実証する計画である．現在も CIBNOR モデル内で各種試験を進めており，実証試験の準備を行っている．

2. 塩からい水で魚を育てる

　この塩からい水とは，塩性化した地下水のことであり，海水のことではない．海水の塩分濃度は，約 3.5 パーセントである（図 5.9）．塩性化した地下水の塩分濃度には，大きな幅があり 1 パーセントを上回る地域も世界には広く存在する．本アクアポニックスで飼育する魚は，硬骨魚類（サメやエイなどを除く多くの魚類）であり，人間と同じように 0.8-0.9 パーセントの塩水と同じ浸透圧を体内で常に維持している．従って，水の塩分濃度が 0.8-0.9 パーセントよりも低い淡水や高い海水でそれぞれ成育する淡水魚や海水魚は，エネルギーを消費して体内浸透圧を維持しているのである．淡水魚の場合，体液浸透圧とほぼ同じ塩分濃度で飼育すると，消費する必要がなくなったエネルギーを成長に利用することができるようになるので，その分，大きくなる場合がある．海水魚も体内の浸透圧に近い水

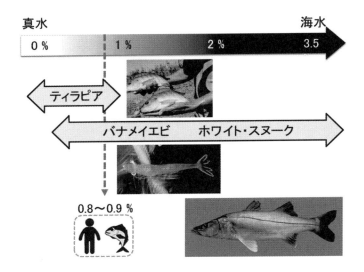

図5.9 塩分濃度と水産物の成長の関係

水産物はヒトと同様に体液の塩分濃度は約 0.8-0.9 パーセントであるので，それよりも高い，あるいは低い塩分濃度の水の中では，体内浸透圧を維持するためにエネルギーを消費している．図中の矢印は，矢印内に示した水産物が成育できるおよその塩分濃度範囲を示す．

で飼育すると成長がよくなる場合があり，ヒラメ等では，約 1 パーセントで最もよく成長することが知られている．しかし海水魚の体液と海水では，その浸透圧差があまりにも大きいために，0.8 パーセント等低塩分状態には耐えることができない種もある．

(1) 閉鎖型循環式養殖法

本アクアポニックスでは，水資源の有効利用が重要なねらいであるため，同じ水を長期間使用する閉鎖型循環式養殖法（re-circulated aquaculture system; RAS）を用いる（図 5.10）．飼育水は，沈澱槽にて排泄物や消費されなかった餌などが取り除かれたのちに，生物濾過槽に移される．生物濾過槽では，毒性の強いアンモニアが，微生物の硝化作用により毒性の低い硝酸に変換される．この毒性が低くなった水は，再び飼育槽に移される．同じ水を長時間使用するために排泄物や餌に由来した窒素やリンなどが飼育水中で徐々に高濃度となる．窒素やリ

第5章　塩からい水で魚と野菜を育てる

図 5.10 閉鎖型循環式養殖システム
CIBNOR の試験用モデルで使用している養殖システムである．① 飼育槽（1,000 リットル），② 沈殿槽（145 リットル），③ 生物濾過槽（360 リットル），④ 沈殿物処理槽，⑤ 紫外線殺菌装置，⑥ 泡沫分離装置

ンは，作物の養分として利用されるが，RAS によりティラピアを飼育した水の窒素濃度は，作物の水耕栽培における標準的な窒素濃度（3-4 mol m^{-3}）よりもはるかに高くなる（約 25 mol m^{-3}）．養殖の次の段階で行う作物の水耕栽培では，作物に塩分を吸収させることが除塩のために重要ではあるが，養殖廃液の成分が作物成長のための養分として適正であるかについて検証する必要もある．

（2）飼育候補種

本アクアポニックスにおける飼育候補種として，ティラピア，バナメイエビおよびホワイト・スヌーク等を考えている．淡水魚であるティラピアは，約 1 パーセントまでの塩分濃度で飼育可能であり，真水よりも塩分を含む水において成育がよくなる．GIFT（Genetically Improved Farmed Tilapia）というティアピアは，選抜育種により遺伝的に高成長の形質を固定化した系統であり，1990 年代に世界中に頒布された．

バナメイエビは，約 0.3 パーセントから海水程の塩分濃度で飼育可能であるが，

約 2.5 パーセントで最もよく成長する．中南米原産である．クルマエビやブラックタイガーとは異なり，潜砂せずに遊泳する特徴がある．このために養殖する場合には，飼育密度を高められるという利点がある．また，海水に生息する種であるが，幼生以降は淡水でも飼育可能であることが知られる．成育も早く比較的疾病にも強い．

ホワイト・スヌークは，塩分濃度の低い水でも飼育可能な海水魚であるが，その市場価値は高い（約 1,500 円/kg，メキシコ・ラパス市）．バハカリフォルニアからエクアドル沿岸が生息地であり，全長は約 1 メートルになる．水産物としての価値が高いいっぽうで，種苗生産が難しく，研究対象としてあまり取り上げられなかった．養殖技術についてもまだ不明な点が多い．

(3) 成長と飼育水の窒素濃度

CIBNOR における RAS を用いて，給餌量を変えた場合の GIFT の成長速度を調べた（図 5.11）．給餌量の増加に伴い体重は増加したが，驚くことにわずか 4 カ月（16 週間）で出荷できるサイズにまで成長した．しかし飼育水の硝酸態窒素

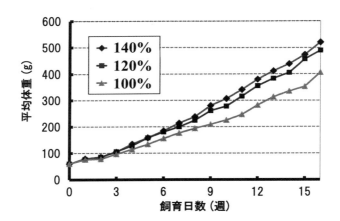

図 5.11　ティラピアの成長

ティラピア（GIFT 系統）の成長と給餌量の関係を調べた．100％は，標準的な給餌量を意味する．給餌量の増加に伴い平均体重が増加したが，わずか 16 週間（約 4 カ月間）で出荷できるサイズにまで成長した．

第5章 塩からい水で魚と野菜を育てる　(81)

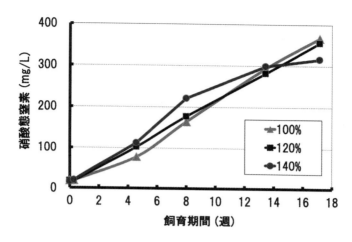

図 5.12 ティラピア飼育水の窒素濃度

給餌量に関わらずティラピア飼育水の硝酸態窒素濃度は，16週間で300ppm以上となった．この窒素濃度は，標準的な作物水耕栽培用培養液における窒素濃度の5倍以上である．100％は，標準的な給餌量を意味する．

濃度は，300ppmにまで上昇し，標準的な作物水耕栽培用培養液における窒素濃度の5倍以上となった（図5.12）．

3. 塩からい水で野菜を育てる

　一般的な野菜（中生植物）は，水耕栽培であれ，土耕栽培であれ，培地中の塩分を嫌う．これは，培地の高い塩分濃度により，土壌溶液の水ポテンシャルが高くなり，吸水が困難になる現象（吸水阻害）や，体内に取り込んだ塩分が代謝を撹乱する現象（イオン障害）を引き起こすからである．例えばトマトは，土壌溶液の塩分濃度が海水の約5分の1（約0.7パーセント）になると，果実収量を半減させるという（FAO, 1977）．塩環境に適応した植物を塩生植物とよぶが，その中には，塩分を吸収することにより成育を促進させることができる植物が存在し，これを好塩性植物とよぶ（図5.13）．好塩性作物を水耕栽培することにより，養殖廃液に含まれる塩分除去（除塩）を図る．

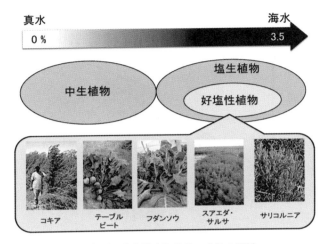

図 5.13 塩分濃度と作物の成長の関係
塩環境に適応した植物を塩生植物とよぶ．塩生植物の中には，塩に耐性があるばかりでなく，塩により成長を促進させることができる好塩性植物がある．

（1）作物水耕栽培による除塩

　好塩性作物が多く属するヒユ科作物 5 種を供試し，塩分を含む培養液を用いて水耕栽培を行なった（図 5.14, Yamada et al., 2016）．その結果茎葉の成長は，サリコルニアでは，200 mol m^{-3}（1.2 パーセント）まで上昇し，フダンソウでは 80 mol m^{-3}，テーブル・ビートおよびホウレンソウでは $80\text{-}120 \text{ mol m}^{-3}$ で最大となった．除塩候補作物として重要なことは，体内に塩分を高濃度に蓄積する能力だけではなく，バイオマスが大きいこと，成長速度が速いことが求められる．この 5 種作物の体内の塩分の主なものであるナトリウム含有率を比較してみると，サリコルニアで圧倒的に高い（図 5.15）．しかしサリコルニアは成長速度がきわめて遅く，バイオマスも小さい頃ことから，土地面積および時間当たりの除塩能としてはそれほど高くない．ここに示した 5 種の中では，フダンソウの除塩能が最も高かった．現在のところ，フダンソウに加えて数種の除塩候補作物を抽出している．

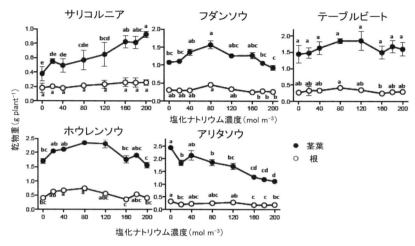

図 5.14 塩性条件下における作物の成長

成長を最大にする塩分濃度は，フダンソウでは 80 mol m^{-3}（海水の約 7 分の 1 の塩分濃度），テーブル・ビートおよびホウレンソウでは，80−120 mol m^{-3} であることがわかった．
出典：Yamada et.al（2016）から改変して引用．

（2）水耕栽培用培養液としての水産物の養殖廃液

　上述したように，養殖廃液の成分が作物の養分として適正であるかについて検証する必要がある．現在のところいくつかの項目について検証した．まずは，微量元素濃度についての検証である．養殖廃液には鉄分等作物にとって必須である元素が著しく少ない．現在のところ，微量元素を添加しなくても養殖廃液を用いて好塩性作物の栽培は可能と考えている．次に pH（水素イオン濃度）である．作物は培養液中に存在する養分をイオンとして吸収するが，pH が低すぎても（強い酸性状態），高すぎても（強いアルカリ性状態）でもイオンとして存在することができずに不溶化して沈殿してしまう養分がある．しかし今までの試験結果では，養殖廃液の pH を調節しなくても，作物が養分欠乏を示す場合は少ない．また高窒素濃度は極めて重要である．養殖廃液の窒素濃度は，作物の水耕栽培における標準的な窒素濃度の 5-6 倍となり，高濃度障害が懸念された．しかしフダンソウを含む 3 種の好塩性作物について，高窒素下（28 mol m^{-3}）における水耕栽培

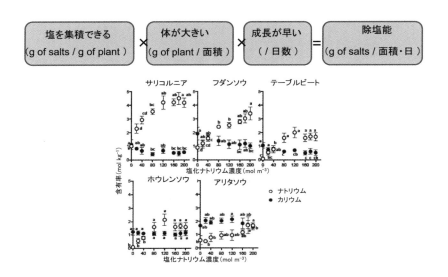

図 5.15 塩性条件下における作物の体内塩分濃度

ナトリウム含有率は，サリコルニアで著しく高い．しかし土地面積および時間当りの除塩能としては，体が大きくしかも成長速度が速いフダンソウの方が優れている．
出典：Yamada et.al（2016）から改変して引用．

を行ったが，成育低下を示すことはなく，3種ともに高窒素耐性を有することがわかった（図 5.16, 古満, 2016）．

4. 低塩化した水で野菜を育てる

好塩性作物を用いた水耕栽培廃液を用いて，作物の露地栽培を行う．低塩化された用水を灌漑に用いるために，徐々に土壌の塩類化は軽減されてゆく．露地栽培では，高付加価値野菜を栽培し，生産者の収益増加を狙う．本アクアポニックスを導入する予定のメキシコ，南バハカリフォルニア州では，ミニトマト，トウガラシ，ハーブ類が候補種となる．しかし低塩化された水による灌漑で，土壌の塩分濃度が低下するには，ある程度の時間がかかる．土壌の塩分濃度がどの程度であれば，野菜が育つかについて検証する必要がある．

人工的に調製した塩性土壌を充填したポットを用いて，ハーブ類5種の耐塩性

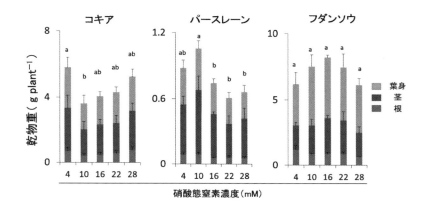

図 5.16 好塩性作物の高窒素耐性
供試した3種の好塩性作物は，標準的な水耕栽培用培養液より5-6倍窒素濃度が高くても成長を低下させないことがわかった．図中のアルファベットの違いは，窒素処理間における全乾物重の有意差を示す（Duncan法，$p < 0.05$）．
出典：古満（2016）から改変して引用．

評価試験を行なった（図 5.17，横山，2016）．供試作物は，シソ科のローズマリー，タイム，オレガノ，キク科のカモミールおよびユリ科のチャイブとした．図中のEC3は，電気伝導率 $3dS\ m^{-1}$ を意味しており，およそ海水の10分の1の塩からさの土壌溶液である．耐塩性の序列は，ローズマリー＞タイム≒カモミール≒チャイブ＞オレガノであった．ローズマリーでは，EC6で成育を大きく低下させるがEC3では，他の種と比べて成育を低下させることはなく，低塩耐性が強かった．

同様の耐塩性評価試験をトウガラシ5品種についておこなった（図 5.18，杉山，2016）．耐塩性の序列は，アバネロ≒ハラペーニョ≒タバスコ＞立ハ房＞ジョロキアであった．この中で，アバネロは耐塩性も強いが，他の品種と比較して換金価値が高く，本アクアポニックスでも候補種としている．

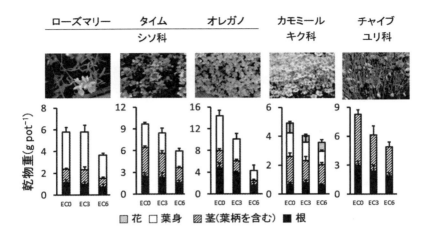

図 5.17 ハーブ類 5 種の成長に及ぼす土壌塩濃度の影響
調製塩性土壌を用いて，ハーブ類 5 種を栽培した．EC3 は電気伝導率 3 dS m^{-1} を意味し，およそ海水の 10 分の 1 の塩濃度の土壌溶液であることを示す．図中の棒は標準偏差（n=3）を示す．
出典：横山（2016）から改変して引用．

5. さいごに

『塩からい水で魚と野菜を育てる−乾燥地での持続的な食料生産をめざして−』と題して，ひとつのプロジェクト研究を紹介した．乾燥地では，塩害の負の産物でありまた原因でもある塩からい水であっても，工夫して利用することにより環境に調和した食料生産に利用することができることを，理解していただけたら幸甚である．

この取り組みには，いくつかの課題がある．ひとつは，実践的な水利用である．養殖→水耕栽培→露地栽培と水を農産物生産のために 3 回利用する．いずれかの段階で，水が余剰になるか，あるいは不足してはならない．そのためには綿密は飼育・栽培計画とともに，生産物の収量・品質評価を行う必要がある．また，実際の農家による実証試験の実施も重要な課題である．将来的には，この新しいアクアポニックスを現地農民・漁民個人あるいはコミュニティーに普及する計画で

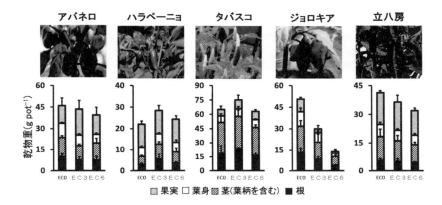

図 5.18 トウガラシ 5 品種の成長に及ぼす土壌塩濃度の影響
調製塩性土壌を用いて,ハーブ類 5 種を栽培した.EC3 は電気伝導率 3 dS m^{-1} を意味し,およそ海水の 10 分の 1 の塩濃度の土壌溶液であることを示す.図中の棒は標準偏差 (n=3) を示す.出典:杉山(2016)から改変して引用.

ある.そのためには,本アクアポニックスを稼働したときの経済性を充分検討する必要があり,実際の農家による実証試験を来年度から開始する計画である.

なおこの取り組みは,科学技術振興機構(JST)および国際協力機構(JICA)が推進する地球規模課題対応国際科学技術協力プログラム(SATREPS)「持続的食料生産のための乾燥地に適応した露地栽培結合型アクアポニックスの開発」の一環として遂行中の研究である.両機構の支援に謝意を表する.また,本章に記載した研究結果は,プロジェクトメンバーである,東京海洋大学の遠藤雅人博士,岩田繁英博士,松井紋子博士,鳥取大学の藤山英保博士,安藤孝之博士,小林一博士,猪迫耕二博士,齋藤忠臣博士,田川公太朗博士,馬場貴志博士,蕪木絵実博士,山田美奈博士,メキシコ北西部生物学研究センターの Ilie Racotta 博士,Juan Larrinaga Mayoral 博士,Francisco Javier Magallón Barajas 博士,Bernardo Murillo Amador 博士,Joaquin Gutierrez Jaguey 博士,Miguel Ángel Porta 博士,Ramón Jaime Holguín Peña 博士,Enrique Troyo Dieguez 博士他の研究活動によるものである.ここに謝意を表する.

引用文献

FAO 1977. Water quality for agriculture. FAO irrigation and drainage paper 29 Rev.1:31.

古満泰佑 2016. 塩性条件下における塩生植物の高窒素耐性機構.鳥取大学農学部生物資源環境学科国際乾燥地科学コース平成 27 年度卒業論文発表会要旨集. 17-18.

Millennium Ecosystem Assessment. 2005. Ecosystems and Himan Well-being: Desertification Synthesis. Washington DC: World Resource Institute, 26 p.

杉山正明 2016. トウガラシ 2 品種における耐塩性機構.鳥取大学農学部生物資源環境学科国際乾燥地科学コース平成 27 年度卒業論文発表会要旨集. 21-22.

M. Yamada, H. Fujiyama and C. Kuroda 2016. Growth promotion by sodium in Amaranthaceae plants. Journal of Plant Nutrition. 39:1186-1193.

横山啓 2016. ハーブ類 5 種の耐塩性種間差.鳥取大学農学部生物資源環境学科国際乾燥地科学コース平成 27 年度卒業論文発表会要旨集. 49-50.

第6章
地球温暖化から家畜生産を守る
―適応技術開発の取り組み―

永西　修

国立研究開発法人　農業・食品産業技術総合研究機構畜産研究部門

1. はじめに

　畜産業の 2016 年の農業総産出額に占める割合は約 35％と高く，国民に良質な蛋白質を供給する重要な役割を果たしている（農林水産省，2017）．しかし，家畜・家禽の生理機能は環境温度に影響を受け，高温年の 2010 年に廃用・死亡となった頭羽数は，平年の 2008 年に比べ 1.7～3.9 倍に増加した（農林水産省，2011）．近年，温暖化に対する社会的な関心が高まっており，様々な分野において高温による影響評価や適応への取組みが進められている．現在でも家畜・家禽の夏期の高温対策が実施されているが，今後，温暖化が進行することで高温による影響が深刻化することが予想される（IPCC, 2014）．そのため，高温環境下の家畜・家禽の生産性を維持・向上するための適応技術を開発する必要がある．そこで，本稿では比較的農家への導入が容易な栄養管理技術を中心とした，最近の家畜・家禽の温暖化適応に関する研究成果を紹介する．なお，本稿での暑熱環境とは家畜・家禽に影響を及ぼすような高温・高湿度などの環境である．

2. 家畜・家禽の熱産生と放熱

　家畜・家禽などの恒温動物では，生命の維持，行動および生産などの活動過程で，飼料より摂取した栄養素が体内で代謝され，エネルギーの産生に伴い代謝熱が発生する．家畜・家禽の体内で発生した熱は，環境との熱交換を通じて体温が

一定の範囲に調節されている（図 1）．熱の放散経路としては，体表面からの熱放射や熱対流，地面や壁などの接触による熱伝導がある．また，呼気や発汗など水の蒸発によっても熱は外界へ失われる．放射，対流および伝導を顕熱放散，水の蒸発による熱の放散を潜熱放散と呼んでおり，家畜や家禽の体温は体内で発生する代謝熱と体外への熱放散の熱収支によって決まる．体温が上昇した家畜や家禽では，熱放散を促進するために，呼吸数や血流量が増加するほか，飲水量や心拍数が増える．また，飼料の摂取に伴い代謝熱が発生することから，体温の上昇を抑制するために飼料採食量が低下し，その結果として成長の遅延や乳，肉および卵などの生産量が減少する．さらに，繁殖活動に重要なホルモン分泌能が変化し，生殖機能の低下による受胎率への影響が生じ，空胎期間の延長による経済的な損失に繋がる．また，免疫機能の低下など生体に様々な影響を及ぼすことが知られている．

　家畜や家禽の体内での温度分布は均一ではなく，末梢部は環境温度に影響を受け易いことから，体内深部の温度を体温と定義するが，便宜上，直腸温を体温としている（原田, 2003）．

　平均直腸温は乳牛が 38.6 ℃，肉用牛が 38.3 ℃，ブタが 39.2 ℃およびニワトリが 41.7 ℃で（原田, 2003），家畜・家禽の体温はヒトに比べ高く保たれている．また，一般に新生家畜では体温調節機能が未発達であり外気温に影響を受け易く，

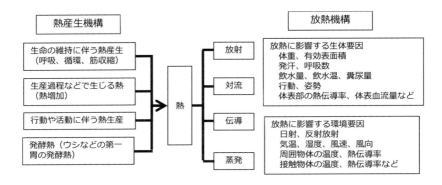

図 1　家畜・家禽の熱産生機構および放熱機構（原田, 2003 より作成）

第6章 地球温暖化から家畜生産を守る―適応技術開発の取り組み―

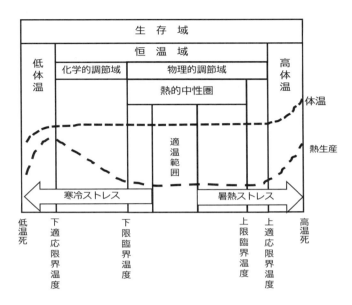

図2 環境温度と体温,熱生産との関係(Bianca, 1962 より作成)

成畜では夜間の体温は日中で高く,運動をすることで体温が上昇することが知られている.

　環境温度と家畜・家禽の体温および熱発生との関係を図2に示した.上限臨界温度と下限臨界温度の間を熱的中性圏と呼び,熱生産は最も少なく体温は安定している.熱的中性圏の温度範囲は,畜種,品種,年齢,月齢や年齢,飼料の摂取量や組成などによって異なる.気温が上臨界温度を超えると,放熱のための熱生産の増加に伴い体温は上昇し,体温と気温の温度差が小さくなるため,顕熱放散から潜熱放散にシフトする.さらに,体温が上適応限界温度および低適応限界温度を超えると生命に危険な状態となり,やがて高温死および低温死に至る.

3. 体温上昇を抑えるための研究

　暑熱環境下の家畜・家禽の生産性を保つためには,体温の恒常性を維持する必要がある.家畜・家禽は皮膚の温度受容器で体温を感知し,脳下垂体の温度調節

中枢が温度情報と通常の体温（セットポイント）を比較し，熱生産および熱放散により体温を一定にする機能を有している（原田，2003）．気温に伴う体温上昇を抑える基本的な対応としては，①環境温度を下げること，②体内の熱発生を抑制すること，③体内で発生した熱放散の促進が挙げられる．

（1）環境温度の調節と家畜からの熱放散の促進

畜舎外部からの熱の侵入を防ぐために，畜舎の屋根への散水，白ペンキや石灰塗装，植物や寒冷紗の設置などが広く行われている．また，家畜からの熱放散を促進するために，畜舎に送風機や細霧機が設置されている．送風機は牛舎の天井に設置することが多いが，閉鎖型牛舎の一壁面に送風機を設置し，牛舎全体を換気するトンネル換気方式がある（図3）．

また，細霧機を稼働した場合には畜舎内の湿度が上昇するため，夏期の高温高湿度条件では家畜の熱放散を十分に行うことが困難である．そのため，湿度上昇を伴わない効果的な暑熱対策として冷風の利用がある．牛舎構造の多くは開放型であるため，牛舎全体を冷房することはコスト的にも現実的でないため，水分蒸散量の多い牛の肩周辺に冷風を当てるスポット冷房が考案されている（石田ら，2014）．このスポット冷房システムは，稼働制御部分，地下水を熱源とするヒートポンプ，ブースターファンおよび送風ダクトより構成され，温湿度指標（有効

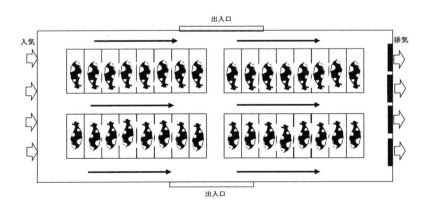

図3 トンネル換気の牛舎の構造（一例）

第6章 地球温暖化から家畜生産を守る—適応技術開発の取り組み— （ 93 ）

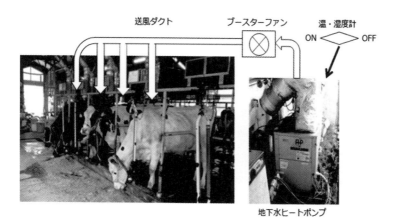

図4 スポット冷房システム　　写真：農研機構畜産研究部門 石田三佳 氏 提供

温度：ET）により稼働を制御している（図4）．石田ら（2014）は乳牛を送風区とスポット冷房システム区に分け，4年にわたる夏期の飼養試験を実施した結果，スポット冷房区の平均乳量が送風区より1日あたり2.2 kg増加することを示している．

(2) 家畜体内の熱発生の抑制

　豚の視床下部は体温調節機能を有しており，高温環境下ではヒスタミン濃度が高まることが知られている．そのため，ヒスタミンの前駆物質のヒスチジンを肥育豚の飼料に添加することで視床下部のヒスタミン濃度が高まり，体温調節機能が向上すると考えられる．そこで，井上ら（2014）は暑熱環境下の肥育豚の飼料にヒスチジンを添加した結果，豚深部体温の上昇が緩慢になることを報告している．

　一方，牛では視床下部のセロトニンは神経伝達物質の一つであり，熱放散増加や熱産生減少を通じて体温上昇抑制に関与することが示されている（粕谷・須藤，2014）．脳内セロトニンの放出を増加させる目的で，セロトニンの前駆物質のトリプトファンをルーメンバイパス化して飼料に添加し，育成牛の急性高温負荷飼養試験を実施した．その結果，セロトニンの合成が促進され，直腸温の上昇が抑

制できることが指摘されている（粕谷・須藤，2014）．

　これらの研究は，急性高温負荷条件で体温調節機能を強化することで体温上昇が抑えられることを示唆した初めての基礎的知見である．

4．家畜・家禽での暑熱の影響と栄養管理による暑熱対策

　暑熱環境が家畜・家禽の生産性に及ぼす影響を図4にまとめた．暑熱環境下の家畜・家禽では飼料摂取量が減少するほか，酸化ストレスが亢進し，その結果として成長の鈍化や停滞，乳，肉および卵の生産量の減少や品質の低下が生じる．

　また，消化管内環境が変化することで，潜在的生産病リスクの増加や細胞機能への障害のリスクが高まる．

　栄養管理による暑熱対策としては，第一胃内環境の安定のために飼料給与回数の増加，気温が低い早朝や夜間での飼料給与，良質粗飼料の給与，ミネラルやビタミンの補給などが提案されてきた．以下に暑熱の影響と新たな栄養管理による暑熱対策をまとめた．

(1) 乳牛の暑熱の影響

　乳牛の熱的中性圏は5〜25℃で（Roenfeldt, 1988），泌乳牛の生産環境限界は27℃と報告されているが（津田，1983），泌乳能力が向上した乳牛では熱生産量

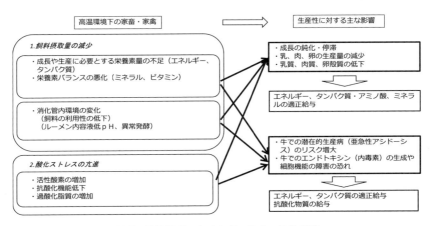

図5　栄養管理による家畜・家禽の暑熱対策

が高まり，それよりも低い温度では生産性への影響が生じることが指摘されている（相井，1992）．

牛が採食した飼料はルーメン微生物により発酵作用を受けることから，体温とルーメン発酵との関係について検討が行われている（長濱ら，2014）．牛の体温は乾草および濃厚飼料を給与した場合，朝の飼料給与時から夕方の飼料給与後にかけて上昇するため，体温の日内変動はルーメン内容液の温度と密接な関係があることが示唆されている（長濱ら，2014）．そのため，牛では飼料摂取に伴う代謝熱に加えて，第一胃内発酵で生じる熱による影響を考える必要がある．ルーメンでの発酵熱は飼料から摂取されるエネルギーの 6〜7.5％と算定され，暑熱時での体温平衡に及ぼす影響は大きいと考えられている（上野・竹下，2000）．

乳牛では複数の暑熱環境負荷指標が考案されているが，広く用いられている Davis(2003) の THI（温湿度指数）を下記に示した．
THI=(0.8×温度＋(相対湿度/100)×(温度－14.4))+46.4

THI が 72 以上で乳量が下がり始めるといわれ，73〜79 では高温に対する注意が必要，80〜89 は注意が必要，90〜98 は警告，98 より高くなると乳牛は危険な状態になる．例えば，THI は 20℃, 60％で 66, 25℃, 80％で 75, 30℃, 80％で 83, 35℃, 80％で 91 と上昇する．

田中ら（2014）は THI が初産牛（727 頭）および経産牛（959 頭）の 10 ヶ月間の乳量に及ぼす影響を検討した．その結果，乳量が減少し始める THI は初産牛が 61 以上，経産牛が 51 以上であり，71 以上になると乳量が大幅に減少し，その減少の程度は経産牛が初産牛より大きいことを報告している．また，日本飼養標準・乳牛 2017 年版では飼料の乾物摂取量が低下し始める気温は，初産牛が 23 ℃，経産牛が 21 ℃と記載されており，乳生産のための飼料摂取量が多く，体重が大きい経産牛で暑熱の影響を受け易い．Purwanto ら（1990）は，1 日当たり乳量が 31.6 kg および 18.5 kg/日の乳牛の熱発生量は，乾乳牛より順に 48.5 %, 27.3 %増加することを報告している．

田中ら（2014）は，搾乳牛は夏季高温環境下において酸化ストレスが高くなること，酸化ストレスは泌乳生産性と関係が深いこと，さらに酸化ストレスは抗酸化飼料の給与によって一定程度制御できることを示している（田中ら，2014）．

酸化ストレスの亢進は体内で活性酸素などの生成が高まり，抗酸化成分とのバランスが崩れた状態であり，生体内の細胞などが悪影響を受けることにより機能低下を生じると考えられている．酸化ストレスの指標としては，チオバルビルーツ酸反応物（TBARS：多価不飽和脂肪酸の過酸化物質），スルフヒドリル酸（SH）基，活性酸素代謝産物（d-ROMs），アルコルビン酸濃度などがある．

一方，田中ら（2014）は高温条件が雌子牛の成長に及ぼす影響を検討し，2カ月齢から9カ月齢までの増体量を5℃～10℃以下，10.1℃～15℃以下，15.1℃～20℃以下，20.1℃～25℃以下および25.1℃～30℃以下の気温帯に分けて解析した結果，15.1℃～20℃以下の場合の増体量が最も高く，25.1℃～30℃以下が最も低いと報告している．また，生後5～6カ月齢の雌子牛は高温の影響を最も受け易く，成長停滞の影響は生後10カ月齢においても継続することを報告している．一般に，雌子牛の初回種付けは生後14～15カ月齢で体重が350kg程度で行なわれる．種付け時期の遅延は，分娩後の乳生産の遅れにも繋がることから雌子牛の適正な発育は重要な課題である．そのため，発育計画では，生後5～6カ月齢の雌子牛への暑熱

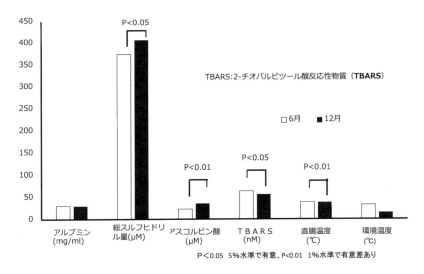

図6 暑熱環境が抗酸化物質指標濃度に及ぼす影響（田中正仁ら 2014 より作成）

(2) 乳牛の栄養管理による暑熱対策

　高温環境下では乳牛が必要とするエネルギー摂取量も増加するものの，飼料摂取量は減少するため，飼料のエネルギー濃度を高め，給与量そのものを抑える必要がある．しかし，飼料のエネルギー濃度を高めるために穀類などのデンプン質飼料を多給した場合，ルーメンアシドーシスなど第一胃内での異常発酵が懸念されることから，脂肪酸カルシウムなどの油脂類が使われることが多い．

　抗酸化物質としてはビタミンC，ビタミンE，ポリフェノール，アスタキサンチンなどがある．田中ら（2014）は乳牛の高温対策として，抗酸化物質（ビタミンADE剤），エネルギー源（脂肪酸）を併給し，その給与効果を検討した．その結果，乳牛にビタミンADE剤と脂肪酸を併給することで，無添加，ビタミンおよび脂肪酸を単独で給与した場合よりも乳生産性が改善することを認めている．なお，脂肪酸には短鎖脂肪酸，中鎖脂肪酸，長脂肪酸があるが，田中ら（2014）の試験では長鎖の不飽和脂肪酸（パルミチン酸）を用いた結果である．

(3) 肉用牛の暑熱の影響

　肉用牛は乳牛に比べ暑熱の影響は小さいと考えられているが，平均気温が30℃で25%，35℃で約50%増体日量が低下するとの報告がある（Brown-Brandl

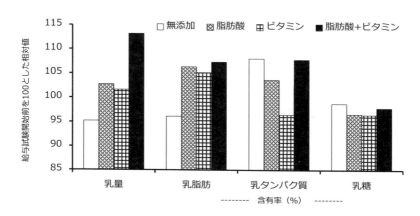

図7 脂肪酸およびビタミンの添加が乳生産に及ぼす影響（田中正仁ら2014より作成）

et al., 2005）．また，高温高湿による肥育牛の成長への影響は肥育が進んでいるほど大きいことが指摘されている（田中ら, 1979）．

前田ら（2017）は暑熱環境が黒毛和種去勢肥育牛の飼養成績および飼料消化性に及ぼす影響を肥育ステージごとに解析した．THI を指標に用い，68 以上を示した 6〜9 月を暑熱期，その他の月を適温期とし，肥育ステージを前期（10〜14 ヵ月齢），中期（15〜22 ヵ月齢）および後期（23〜28 ヵ月齢）の 3 期に分けた．暑熱期の代謝体重当たり飼料摂取量は適温期と比べて肥育前期および後期に減少し，肥育前期および後期の暑熱期の飼料効率は適温期と比べて有意に低下した．暑熱期に乾物，粗タンパク質，粗脂肪および中性デタージェント繊維の消化率は適温期に比べ有意に低下することを報告している．

一般に，暑熱環境下では牛の消化管運動が緩慢となり，飼料の通過速度が遅くなる．その結果，第一胃内での飼料の滞留時間が長くなる結果，第一胃内微生物の分解作用を受け易くなり，適温時に比べて炭水化物やタンパク質の分解が高まると考えられている．肥育牛ではトウモロコシなどの穀類多給で飼育されているため，第一胃内での炭水化物やタンパク質の分解程度は，生産性のみならず第一胃内発酵の恒常性を維持する点からも重要である．

	2013年		2014年	
	暑熱期	適温期	暑熱期	適温期
気温	28.4℃	12.5℃	26.9℃	21.6℃
相対湿度	88.3%	80.3%	81.1%	66.8%

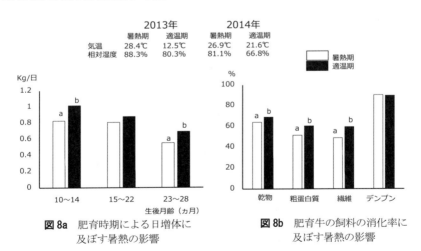

図 8a 肥育時期による日増体に及ぼす暑熱の影響

図 8b 肥育牛の飼料の消化率に及ぼす暑熱の影響

（前田友香　2017 より作成）

(4) 肉用牛の栄養管理による暑熱対策

　夏季のトウモロコシの代替エネルギー源としてグリセリン（グリセロール）の肉用牛への給与が検討されている．グリセリンは3価のアルコールで，乳牛では分娩後の負のエネルギーバランスの改善に用いられている．椿ら（2015）は黒毛和種育成牛8頭を用い，慣行飼料区および慣行飼料にグリセリンを約10％添加した添加区を設け，7～9月の暑熱期に飼養試験を実施した．有意差は認められないものの，慣行飼料区よりも添加区で増体日量が高まる傾向を示している．さらに，浅田ら（2017）は黒毛和種去勢牛16頭を供試し，7～9月の暑熱期に8週間の飼養試験を実施した．給与飼料は肥育用慣行飼料区および慣行飼料にグリセリンを10％添加した添加区の2試験区で，添加区で増体日量が高い傾向にあることを示した．また，第一胃内容液性状では，慣行区と添加区で総揮発性脂肪酸濃度に違いはないものの，慣行区に比べ添加区で酢酸割合が低く，プロピオサンや酪酸割合が高まることを指摘している．牛ではプロピオン酸が肝臓でグルコースに変換され，エネルギー源として利用されることから，添加区でのプロピオン酸割合の高さが増体成績の向上に結び付いている可能性がある．

　乳牛の蛋白質給与の基本は，ルーメン微生物の合成を高めることであるが，高泌乳の場合にはルーメン微生物だけでタンパク質供給量が不足するため，ルーメンでの分解を抑えたバイパスタンパク質飼料やバイパスアミノ酸飼料の利用が行われている．一般に，泌乳牛では乳蛋白質合成を制限する主要必須アミノ酸としてメチオニンやリジンが知られており（Clark, 1975; Robinson et al., 1998），肉用牛飼料に添加するアミノ酸としては，メチオニン，リジン，トリプトファン，アルギニン，ロイシン，イソロイシン等の必須アミノ酸がある．欧米の肉用牛の飼養試験ではメチオニン（Klemesrud et al., 2000a）やリジン（Klemesrud et al., 2000b）が増体に関係するアミノ酸であることが報告されているが，黒毛和種のアミノ酸要求量やバイパスアミノ酸給与に関する知見はほとんどない．そのため，新宮ら（2017）はバイパス化したメチオニンとリジンを暑熱環境下の黒毛和種去勢肥育牛に給与する飼養試験を実施した．その結果，飼料にバイパスアミノ酸を添加することで，飼料摂取量に違いはないものの，粗蛋白質の消化率が高まり，増体日量が向上することを認めている．

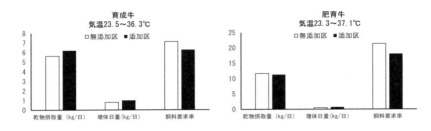

左図　群馬県畜産試験場：椿　由江ら（2015）より作成
右図　群馬県畜産試験場：浅田　勉ら（2017）より作成
図9　暑熱環境下の肉用育成牛および肥育牛の
飼養成績に及ぼすグリセロール添加の影響

(5) 肥育豚の暑熱の影響

　豚は体蛋白質（筋肉）の代謝合成が活発である一方，皮下脂肪が厚く，汗腺の発達が不十分であることから，体内で発生する熱を上手く逃がせないため，主にパンティングにより熱放散を行っている．環境制御室で室温を23.0℃，24.5℃および27.3℃に設定した肥育豚の飼養試験では，適温の23℃と比較して増体日量が24.5℃で5%，27.3℃で15%低下することが示されている（高田ら，2008）．

　高温環境下の豚では飼料採食量の減少に伴うエネルギーやタンパク質の不足により発育が停滞する．豚のタンパク質給与はアミノ酸が基本であるが，暑熱環境下ではアミノ酸の消化吸収能力が低下することが報告されており（松本ら，2008），特に必須アミノ酸のリジンの欠乏によりタンパク質の合成が低下し，合成のために余剰なエネルギーが必要となり，体脂肪の増加や背脂肪厚の増加に繋がり，枝肉の格付けにも影響を及ぼすと考えられている（脇屋ら 2014a）．そのほか，精液性状の悪化や発情に微弱化により繁殖成績の低下が指摘されている．

(6) 肥育豚の栄養管理による暑熱対策

　肥育豚の暑熱対策としては，熱発生量の低い油脂の添加が有効である．飼料に5～10%の油脂を添加することで，エネルギー摂取量の増加による増体成績の向上や飼料効率の改善が期待できる．

　Katsumataら（1996）は，暑熱環境下の肥育豚に粗蛋白質と油脂含量を変えた飼料を給与した場合，油脂添加は増体成績改善に効果的ではあるが，低蛋白質

飼料と組合わせた場合に背脂肪厚が増加することを報告している．脇屋（2014b）は高温期に見られる豚の枝肉中の過剰な脂肪蓄積の解消に向け，パーム油を飼料に 3，5 および 7%添加した場合の肉質に及ぼす影響を検討した．その結果，パーム油を飼料に添加することで増体成績の改善効果は認められなかったものの，背脂肪厚は減少し過剰な脂肪の蓄積が抑えられることを明らかにしている．また，脇屋ら（2012）はトウモロコシ主体の肥育豚飼料に，カテキン等の機能性成分を含む製茶加工残さを配合することで，背脂肪厚の増加を抑制できることを報告している．

（7）家禽の暑熱の影響

肉用鶏（ブロイラー）での暑熱の影響は，飼料摂取量の低下に伴う増体量の減少である．鶏は汗腺が無く，潜熱放散としてパンティングのみに依存しているため，体温が上昇し易いと考えられている（周，1996）．山崎ら（2006）はブロイラーの生産性と環境温度の関係を精密に調べるために，環境制御室に収容して飼養試験を行い，23℃と比較して 27.2℃で 5%，30.0℃で 15%それぞれ産肉量が低下することを示している．

（8）栄養管理による家禽の暑熱対策

暑熱環境下でのブロイラーは，採食量の減少による成長の遅延，エネルギーやタンパク質などの栄養素の不足とともに，体内の酸化ストレスが亢進する．従来の栄養・飼料面からの暑熱対策としては，油脂添加によるエネルギー強化やビタミン等の飼料への配合で抗酸化の指標が改善される傾向にある．

暑熱環境下の鶏は，成長が抑制されアミノ酸の絶対要求量が減少している．さらに，蛋白質の消化やアミノ酸の吸収が変化しているため，高温環境下での理想的なアミノ酸バランスについてはさらに検討が必要である．

産卵鶏に関しては，飼料摂取量の減少により各種栄養素の不足や栄養素利用性の低下が生じ，産卵成績が低下する．また，パンティングよる血中カルシウム濃度の減少によりミネラル排出量の増加が生じるため，破卵率が増加する．そのため，飼料中のミネラル（カルシウム等）含量を調整し，卵殻質の低下を抑制する検討が進められている．また，夏期の暑熱のよる斃死を防止する方法として，予め幼齢期のヒナを高温環境下に順化することで，高温下での熱産生量や体温上昇

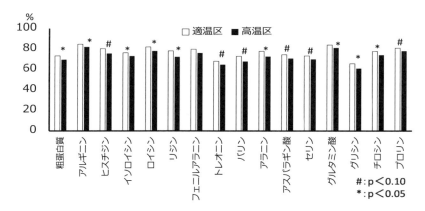

図10 粗蛋白質および各種アミノ酸の肥育後期豚の回腸末端部での見かけの消化率に暑熱環境が及ぼす影響（松本光史ら，2009 より作成）

率の低下など耐暑性の向上が図られることが報告されている（Zhou et al., 1997）．

5. まとめ

　暑熱環境下での飼料給与に関しては，代謝過程で熱生産量が少ない脂肪の給与が最も有効である．タンパク質飼料は代謝過程で熱発生量が多いものの，採食量低下に伴うタンパク質不足を補う点で重要である．そのため，高温環境下の肥育豚や家禽の栄養要求量の精緻化を図るためには，タンパク質やアミノ酸給与レベルを明らかにする必要がある．なお，Baumgard and Rhoads（2012）は，暑熱環境下と同じ栄養摂取量となるように泌乳牛の飼料給与量を制限した場合，暑熱環境下で減少する乳量の 35～50%が栄養摂取量の不足に起因することを指摘している．暑熱環境下の牛，豚および家禽の増体成績の低下は，栄養摂取量の不足が主要因であり，栄養摂取量の不足といった直接的要因のほか，間接的な要因として生理的・代謝的な適応がなされていることを指摘している．

　抗酸化物質の給与は家畜や家禽の過酸化脂質を低減させる傾向にあり，成長や肉質の向上に寄与できるとの知見が得られている．また，抗酸化酵素の構成成分であるセレンや亜鉛を飼料に添加することで牛（O'Brien et al., 2010）や豚

(Pearce et al., 2011) での生産性などが改善されるとの報告がある．しかし，抗酸化物質による酸化ストレスの軽減については未解明な部分も多いことから，引き続き検討を行う必要がある．

　家畜・家禽の育種改良は産乳性，産肉性などの生産性を中心に行われてきた．生産性の向上は暑熱環境に弱い個体の増加に結び付いている可能性があることから，家畜・家禽の耐暑性評価技術の開発や暑熱に強い家畜・家禽の選抜・育種が今後の課題である．

　本稿で紹介した研究の一部については，農林水産省委託プロジェクト研究「気候変動に対応した循環型食料生産等の確立のためのプロジェクト：温暖化の進行に適応する畜産の生産安定技術の開発」の一環として実施した．

参考文献

1）相井孝允・高橋繁男・栗原光規・久米新一 1989．高温時における改良型機が冷却装置の運転が乳牛の各種生理・生産反応に与える影響，九州農試報告, 25:291-316.
2）浅田　勉・茂木麻奈美 2017．黒毛和種肥育牛への糖原性エネルギー飼料給与技術の検討，第 55 回肉用牛研究会「島根大会」講演要旨 24.
3）Baumgard, L.H and R. P. Rhoads 2012. Ruminant nutrition symposium: Ruminant production and metabolic responses to heat stress. Journal of Animal Science. 90:1855-1865.
4）Bianca, W. 1962. Relative importance of Dry- and Wet-bulb Temperatures in causing heat stress in cattle. Nature.195:251-252.
5）Brown-Brandl, T. M., R.A. Eigenberg, G.L. Hahn, J.A. Nienaber, T.L. Mader, D.E. Spiers and A.M. Parkhurst 2005. Analyses of thermoregulatory responses of feeder cattle exposed to simulated heat waves. International Journal of Biometeorology 49:285-296.
6）Clark, J.H.1975. Lactational responses to postruminal administration of proteins and amino acids. Journal of　Dairy Science 58:1178-1197.
7）Davis, M.S., T.L.Mader, S.M.Holt and A.M. Parkhurst 2003. Strategies to reduce feedlot cattle heat stress: effects on tympanic temperature. Journal of Animal Science 81: 649-661.
8）原田悦守 2003．動物生理学．菅野富夫・田谷一善編集，朝倉書店，東京, 441-450.
9）井上寛暁・松本光史・梶　雄次・山崎　信 2014．暑熱環境下の肥育豚へのヒスチジン給与が視床下部ヒスタミン濃度および深部体温に及ぼす影響．日本養豚学会大会講演要旨 100 巻:31.
10）石田三佳 2014．スポット冷房システムによる搾乳牛の暑熱対策技術の開発, 気候変動対

策プロジェクト研究成果発表会適応技術 8.
11）粕谷悦子・須藤まどか 2014. 暑熱環境下におけるセロトニン神経系の役割, 栄養生理研究会報, 58:37-44.
12）Katsumata, M., M. Matsumoto, S. Kawakami and Y. Kaji 2004. Effect of heat exposure on uncoupling protein-3 mRNA abundance in porcine skeletal muscle. Journal of Animal Science 82:3493-3499.
13）気候変動に関する政府間パネル(IPCC)2014. 第 5 次評価報告書. http://www.ipcc.ch/report/ar5/syr/
14）Klemesrud, M. J., T.J. Klopfenstein and A.J. Lewis 2000a. Metabolizable methionine and lysine requirements of growing cattle. Journal of Animal Science 78:199-206.
15）Klemesrud, M.J., T.J. Klopfenstein, A.J. Lewis and D.W. Herold 2000b. Effect of dietary concentration of metabolizable lysine on finishing cattle performance. Journal of Animal Sciene 78:1060-1066.
16）前田友香・西村慶子・中武好美・寺田文典・櫛引史郎 2017. 暑熱環境が黒毛和種去勢肥育牛の飼料摂取量, 発育, 血液成分および飼料消化性に及ぼす影響, 日畜会報, 88:281-291.
17）松本光史・村上 斉・阪谷美樹・井上寛暁・梶 雄次 2008.暑熱環境が肥育後期豚の深部体温と消化吸収能力に及ぼす影響, 栄養生理研究会報, 52:43-48.
18）長濱克徳・大久保成・一條俊浩・木村 淳・岡田啓司・佐藤 繁 2014. 牛第一胃液のpHと温度および体温の日内変動, 産業動物臨床医誌, 5:20-23.
19）農林水産省 2018.平成 28 年度農業総産出額及び生産農業所得(全国). http://www.maff.go.jp/j/press/tokei/keikou/attach/pdf (平成 30 年 1 月 29 日確認)
20）農林水産省 2010. 暑熱による畜産関係被害状況と技術指導の徹底について.http://www.maff.go.jp/j/press/seisan/c_suisin/100916.html(平成30年1月29日確認)
21）O'Brien, M., R.P. Rhoads, S.R. Sanders, G.C. Duff and L.H. Baumgard 2010. Metabolic adaptations to heat stress in growing cattle. Domestic Animal Endocrinology. 38:86-94.
22）Pearce, S.C., N.C. Upah, A. Harris, N.K. Gabler, J.W. Ross, R.P. Rhoads and L.H. Baumgard 2011. Effects of heat stress on energetic metabolism in growing pigs. Federation ofAmerican Societies for Experimental Biology Journal. 25:1052.5(abst.)
23）Purwanto, B.P., Y. Abo, R. Sakaoto, F. Furumoto and S. Yamamoto 1990.Diurnal patterns of heat production and HR under thermoneutral conditions in Holstein Friesian cows differing in milk production. Journal of Agriculture Science. (Cambrige)114:139-142.
24）Robinson, P.H., W.Chalupa, C.J. Sniffen, W.E. Julien, H. Sato, K.Watanabe, T. Fujieda and H. Suzuki 1998. Ruminally protected lysine or lysine and methionine for lactating dairy cows fed a ration designed to meet requirements for microbial and postruminal protein. Journal of Dairy Science. 81:1364-1373.
25）Roenfeldt, S.1998. You can't afford to ignore heat stress. Dairy Management 35:6-12.

26）新宮博行・林　征幸・櫛引史郎 2017 暑熱環境下における肥育牛へのルーメンバイパスアミノ酸の長期給与効果，第55回肉用牛研究会「島根大会」講演要旨. 26.
27）周　維統 1996. ブロイラーの行動および体温調節性生理反応の特徴と暑熱対策. 畜産の研究, 50:591-598.
28）髙田良三・山崎　信・杉浦俊彦・横沢正幸・大塚　誠・村上　斉 2008. 地球温暖化が肥育豚の飼養成績に及ぼす影響—気候温暖化メッシュデータ（日本）による将来予測, 日畜会報, 79:59-65.
29）田中彰治・富樫研治 1979. 環境要因と肥育牛の成長による統計的分析, 中国農試報, B24:13-21.
30）田中正仁・野中最子・神谷裕子・鈴木知之 2014. 栄養管理による高温環境下の泌乳生産性改善に関する研究. 栄養生理研究会報, 58(2):1-12.
31）椿　由江・青木寛道・浅田　勉 2015. 黒毛和種育成牛への糖原性エネルギー飼料給与技術の検討, 第52回肉用牛研究会「京都大会」講演要旨, 41-44.
32）津田恒之 1983. 家畜生理学, 養賢堂, 東京. 213.
33）上野孝志・竹下　潔 2000. 乳牛の生理と乳生産に及ぼす暑熱の影響, 北海道畜産学会報, 42:11-18.
34）脇屋裕一郎 2014a. 飼料用米, 大麦, および茶葉を利用した肥育豚の暑熱対策技術, 栄養生理研究会報, 58(2):13-26.
35）脇屋裕一郎・大曲秀明・立石千恵・河原弘文・宮崎秀雄・永渕成樹・井上寛暁・松本光史・山崎　信 2014b　飼料用米, 大麦および製茶加工残さの混合給与におけるパーム油の添加が夏季の肥育後期豚の飼養成績と肉質成績に及ぼす影響. 日本養豚学会誌, 51:207-212.
36）脇屋裕一郎・大曲秀明・卜部大輔・河原弘文・宮崎秀雄・明石真幸・永渕成樹・松本光史 2012. 大麦の配合割合が夏季の肥育豚の枝肉成績と肉質成績に及ぼす影響, 日豚会誌, 49:165-172.
37）山崎　信・村上　斉・中島一喜・阿部啓之・杉浦俊彦・横沢正幸・栗原光規 2006. 平均気温の変動から推定したわが国の鶏肉生産に対する地球温暖化の影響, 日畜会報, 77:231-235.
38）Zhou, W.T. and S. Yamamoto 1997. Effects of environmental temperature and heat production due to food intake on abdominal temperature, shank skin temperature and respiration rate of broilers. British Poultry Science, 38:107-113.

第7章
パイプライン用水路が持つ夏季灌漑水温の上昇抑制効果

坂田 賢

農業・食品産業技術総合研究機構　中央農業研究センター

1. はじめに

　良好なイネの生育にとって，水は重要な要素の1つである．十分な量の用水を確保することが大切であるということに異論は少ないと思われる．一方，確保する用水の温度にまで思いを巡らせることは，ほとんどないと思われる．過去に農業用水の温度に着目されたのは1950年代である．北日本の冷害対策として，できるだけの高温の用水を確保することが課題となり，温水路・温水池の整備や漏水防止のための圃場整備（佐藤ら，1988）など，さまざまな対策が採られた．

　おおよそ半世紀が過ぎた1990年代後半から現在にかけては，登熟期の高温に起因する米の外観品質の低下（高温登熟障害）への対策が求められている．高温登熟障害の発生原因と対策に関しては，農業に関する数多くの分野で研究が行われ，対策の1つとして水管理が挙げられている（森田，2008）．

　ただし，用水の温度を人為的に制御することは物理的にも費用的にも難しく，水源から圃場に至る経路（流下過程）によって水温が変化する．流下過程における用水温の研究として，用排兼用の幹線開水路では日中は純放射，夜間は圃場排水の影響による水温上昇が示されている（木村ら，2013）．また，流域を縦貫する河川と，河川から用水の供給を受ける水田ブロックにおける温度変化を調べた研究では，河川水温は日中に上昇し夜間に低下すること，および，水田ブロックの流下過程では昼夜を問わず水温が低下することが示されている（新村・谷口，

2013).

本章では，水温を上昇させないための水路整備とその効果について紹介する．具体的には，農業農村整備事業により敷設されたパイプライン水路では河川から数十km下流まで水温が上昇しないこと（坂田・友正，2014，坂田ら，2014）を示す（第3節）．次いで，パイプライン水路を流れる用水を活用し，夏季に夜間を中心とした灌漑を行うと効果的に圃場地温を低下させられること（坂田ら，2015）を示す（第4節）．最後に，これらの対策により品質に及ぼした効果（坂田ら，2014）を紹介する（第5節）．これに先立ち，近年で一番の猛暑となった2010年に行われた高温対策のうち，水管理を中心に耕作者が実施した高温登熟障害への対策を紹介（坂田ら，2011）し，高温対策に関する水管理の観点からみた留意点（坂田ら，2013）を示す（第2節）．

2. 猛暑年（2010年）の高温対策と水管理からみた留意点

（1）調査方法

耕地面積30a以上で稲作を行っている農家（以下，「稲作農家」という）を，アンケート調査会社の登録モニターの中から抽出し，記録的猛暑年となった2010年12月にアンケート調査を実施した．調査対象は，都府県単位で比較して玄米の販売数量の上位20県に居住地がある稲作農家とし，有効回答数（サンプルサイズ）は1,691であった．調査項目は，2010年産米の外観品質，高温登熟障害を回避するための営農手法などである．猛暑年翌年（2011年産）の高温登熟障害対策の実態を把握するために，2012年2月に上述の20県から主要な10県を選定して同様の調査を実施し，1,309の有効回答を得た．

（2）実施された高温対策

図7.1には，高温対策として稲作農家が実施した管理手法を4つに分類し，項目ごとに実施した割合を複数回答で集計した．その結果，最も多くの農家で実施されたのが水管理であり，農家にとっては他の営農手法に比べて水管理に対する期待が大きいといえる．中でも「水の見回り回数」を増やした農家が全体の38.4%と最も多く，次いで「こまめな取排水操作」（全体の19.4%）となった．

ただし，猛暑に対応して例年以上に水管理に気を配ったとしても必ずしも品質

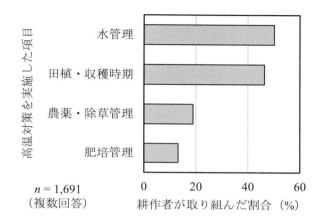

図7.1 猛暑年に耕作者が実施した高温対策（坂田ら（2011）を加工）

の向上や低下の抑制につながるとは限らない．同じく 2010 年の調査では，出穂期以降の 1 か月間に実施した圃場での水管理（掛け流し，間断灌漑など 6 つの方法）の実施の有無と，実施した場合に用水が十分に取水できたかどうかを 3 段階で質問した．図 7.2 に示すとおり，圃場で十分に用水が確保できている場合には玄米外観品質の指標である 1 等米比率が高くなる傾向が示されたが，不足の度合いが大きいほど 1 等米比率が低くなった．

(3) 水管理の観点からみた高温対策の留意点

2010 年の高温を受けて，2011 年に営農者が変更した営農方法として，品種，栽培方法（移植から直播またはその逆），田植え時期，施肥，農薬，水管理から複数回答を求めた．図 7.3 に示すとおり，田植え時期の変更を挙げた営農者が多く，全体の 49％が該当した．ただし，田植えを遅らせた場合と変更しない場合では 1 等米比率にほとんど差がみられなかった．また，イネの発育過程モデル（中川・堀江，1995）を用いて試算したところ，田植え時期を変更することによる出穂時期への影響は地域によって異なること，天候不順の場合には高緯度の地点ほど収穫時期が大幅に遅れる可能性が考えられた．すなわち，高温年には用水需要のピークが高まり，低温年には用水需要が長期化するため，水管理による高温登熟障害

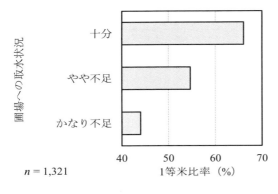

図 7.2 出穂期後の圃場への取水状況と1等米比率の関係（坂田ら（2011）を加工）

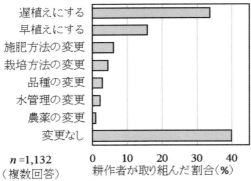

図 7.3 猛暑翌年の作付け開始時に栽培期間全体を通じて変更を検討した営農方法（坂田ら（2013）を加工）

対策を実施する場合には，水利権更新を含めた地域全体の用水需要を念頭に置いた検討が必要となる．

3．パイプライン用水路と開水路の灌漑水温変化

（1）調査方法

　調査地区として，福井県北部に位置する国営九頭竜川下流農業水利事業および関連する農業農村整備事業の受益地を選定した．同地区の取水源となる九頭竜川からの取水口（以下，「河川取水口」という），整備済みのパイプライン用水路，および，未改修の開水路において，パイプライン用水路の一部供用が開始された

第7章　パイプライン用水路が持つ夏季灌漑水温の上昇抑制効果　　（ 111 ）

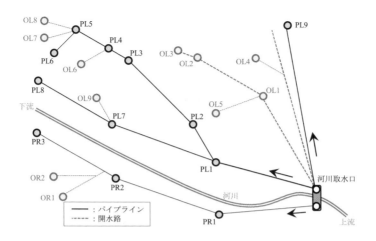

図7.4　水温観測点の配置と用水系統の概要

注：図中のアルファベットは，P：パイプライン，O：開水路，R：河川右岸，L：河川左岸をそれぞれ示す．用水系統は調査当時のものであり，現在の水路配置とは異なる．図示したのは，水温観測に関連する水路のみである．また，開水路系統は複雑であるため，パイプライン水路との位置関係が分かる程度に簡略化して示した．

2011年から2013年に水温を観測した．河川取水口では2011年から同一地点で観測し，パイプライン用水路と開水路では，パイプライン整備の進捗に合わせて年ごとに測定場所を調整した．図7.4に水温観測点と用水系統の位置関係を示す．

なお，九頭竜川下流地区の概要，同地区の国営事業や関連施策，米の品質向上に関する取組みなどは大塚・坂田（2013）のとおりである．

(2) 水路形態ごとの水温変化

　水温よりも気温が高い場合，水路を流れる用水の温度は，河川取水口の水温を起点として流下過程で上昇すると考えられる．玄米外観品質は，とくに夜間の気温に影響を受ける（Morita et al., 2005）ため，図7.5には，河川取水口，パイプライン用水路および開水路で計測した出穂後20日間の夜間（18時から翌日6時まで）の水温と気温を測定年ごとに平均して示した．パイプライン用水路では，すべての測定年で河川取水口とほとんど同じ水温を示し，標準偏差も小さい．一方，開水路の水温は測定年によって差は異なるが河川取水口やパイプライン用水路の

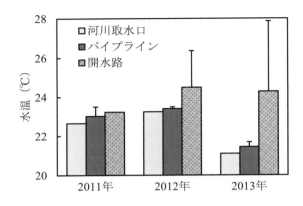

図 7.5 出穂後 20 日間の夜間平均水温の比較（坂田ら（2014）を加工）
注：図中の縦棒線は，標準偏差を示す．

水温と比較して総じて高く，標準偏差は大きい．

大塚・坂田（2013）では，2012 年のパイプライン用水路における灌漑水温の時間変化を捉えた．その結果，河川取水口と連動して夕方から夜間にかけて高く午前中に低くなる傾向を示し，開水路では気温に連動して日の出後に最低水温を，正午過ぎに最高水温を記録した．ほかの年も同様に，日較差はパイプライン用水路では河川取水口の水温とほとんど変わらないか，やや低い値となったが，開水路水温の日較差は地点によるバラツキが大きかった．

以上より，開水路を流れる用水は木村ら（2013），新村・谷口（2013）などと同様に日射などの影響を受けて水温が上昇するのに対し，パイプライン用水路では河川水温のみに依存し，取水地点や気温の影響を受けないと考えられる．すなわち，パイプライン用水路の整備により，均一かつ冷涼な用水による灌漑が可能となると考えられる．

(3) パイプライン水路と開水路の水温差推定

パイプライン水路内の任意の点における水温を推定することを目的に，用水路の観測結果を用いて河川取水口からの距離と水温の関係を求めた．2013 年灌漑期のうち降雨が観測されなかった日が 5 日間以上続いた期間（計 6 回）を抽出した．

(a) 河川取水口からの距離と上昇水温

河川取水口と水温観測点との水温差の推定は以下の手順で行った．第1に水温観測点および分析期間ごとに「遅れ時間」の平均値を求めた．遅れ時間は，河川取水口と水温観測点の時間変化から最も強い相互相関が得られる時間差とした．第2に，河川取水口の水温時系列を各観測点の遅れ時間だけずらし，観測点と河川取水口の水温差を求めた．図7.6に河川取水口から各水温観測点までの水路延長と水温差関係を示した．なお，開水路は河川取水口から観測点までの正確な流路を把握することが困難なため，河川取水口と観測地点の緯度経度から計算した直線距離を用いた．

パイプライン，開水路ともに距離に比例して水温が高くなる傾向を示した．ただし，パイプラインでの上昇水温はごくわずかである．当地区における河川取水口から幹線水路の末端までの延長は約20kmであり，近似直線の傾きからパイプラインでは$0.20℃（=20×9.8×10^{-3}）$の水温上昇にとどまると推定される．これは開水路の$4.6℃（=20×0.23）$に比べ非常に小さい．

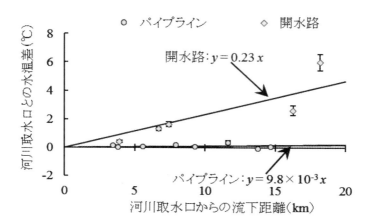

図7.6 河川取水口からの流下距離と水温差の関係（坂田・友正（2014）を修正・加工）
注：パイプラインは河川取水口からの水路延長，開水路は直線距離との関係を示した．また，図中の縦棒線は，標準誤差を示す．

(b) 水路形態による水温差の比較

調査地区の開水路では，日射などの影響を受けて日中は水温が上昇する傾向にある．パイプラインを流れる用水は河川水温のみに依存すると考えられ，図 7.6 のとおり開水路よりも水温が低い．高温登熟障害発生を抑制する観点からは，開水路よりも水温が低下することはパイプライン整備の効果であると位置づけられる．整備効果を評価するために，遅れ時間を考慮して求めた開水路と河川取水口の水温差から，図 7.6 で示した水路延長と水温差の近似式を用いて，開水路観測点と河川取水口との直線距離と等距離におけるパイプラインの上昇水温を差し引いた値を図 7.7 に示した．

図 7.7 より，河川取水口から遠い地点ほど，開水路とパイプラインの水温差が大きくなることを示している．また，遠い地点では近似直線からの解離が大きく，各観測点の標準誤差も大きくなる傾向がみられる．原因の 1 つに，水路延長と直線距離の差が含まれることを考慮する必要があるが，物理的には開水路では上流部での取水により流量や流速が変化すること，および，水路断面の形状や面積が

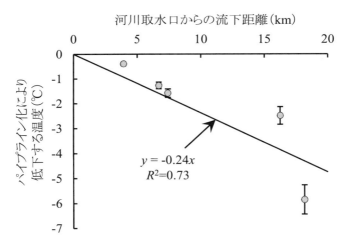

図 7.7 開水路のパイプライン化より低下する温度と河川取水口からの距離の関係
(坂田・友正 (2014) を修正・加工)
注：図中の縦棒線は，標準偏差を示す．

異なることによって，用水が流下する過程で受容する熱量が変化するためと考えられる．

4. 夜間灌漑による地温への影響

(1) 調査方法

整備水準の異なる3集落を選定し，各集落内で同一耕作者が栽培している隣接する2圃場で調査を行った．関連する用水系統，集落の位置および圃場面積の概要を図7.8に示す．いずれの圃場もパイプライン整備が完了した同一の国営幹線用水路を経由して用水が供給されている．最上流に位置する集落（以下，「O集落」という）では分水工から圃場までの約2.9kmは開水路である．O集落の調査圃場は30aと40a区画で専業農家が移植栽培を行っている．下流に位置する2集落はいずれも圃場までパイプライン用水路が整備されている．2集落のうち上流側の集落（以下，「P1集落」という）の調査圃場は50a区画で専業農家が移植栽培を行っている．下流側の集落（以下，「P2集落」という）の調査圃場は80aと1.3ha区画で集落営農組合が湛水直播栽培を行っている．

集落ごとに圃場の一方を昼間（6〜18時），他方を夜間（18〜翌日6時）に限定して取水し，温度環境を比較した．以下では，前者の圃場を「昼間灌漑区」，後

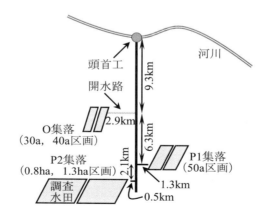

図7.8 水路系統と圃場位置の概要（坂田ら（2015））

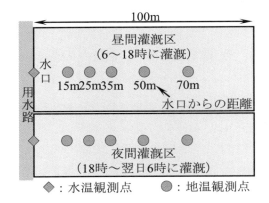

図 7.9 開水路集落（O 集落）の温度観測位置（坂田ら，2015）

者を「夜間灌漑区」という．灌漑を行うかどうかや取水強度など，灌漑時間帯以外の水管理は耕作者の判断に委ねた．灌漑の実施状況は耕作者に依頼した記帳の結果から判断した．圃場内の観測項目は以下のとおりである．すべての調査圃場の長辺は約 100m であり，水口側の短辺中央部から 15m, 25m, 35m, 50m, 70m 離れた地点における地表面から深さ 10cm の温度（以下，「地温」という），および，水口に設置した三角堰内の水温をそれぞれ 5 分間隔で計測した．例として O 集落の観測点の配置を図 7.9 に示す．観測期間は 2012 年 8 月 1 日～31 日である．なお，調査圃場近傍のコシヒカリの出穂期は移植栽培（5 月中旬移植）で 8 月 4 日，直播栽培で 8 月 8 日であった（福井県農業試験場, web）．

（2）水路形態の違いによる灌漑水温の比較

圃場内の温度変化は灌漑水温の違いによる影響を受けると考えられる．水路形態の違いによる灌漑水温を比較するために，一例として，3 集落すべての調査圃場において昼間灌漑区と夜間灌漑区で灌漑が実施された 8 月 25 日午前 6 時からの 24 時間における，灌漑水温と調査圃場近傍のアメダス地点（春江）の気温を図 7.10 に示した．灌漑水温は，18 時以前は昼間灌漑区，18 時以降は夜間灌漑区の灌漑水温である．また，気温の 24 時間平均値は 28.7℃ で，降雨は観測されていない．

水路形態の違いによる温度変化の特徴は，開水路からの取水では 12 時 20 分

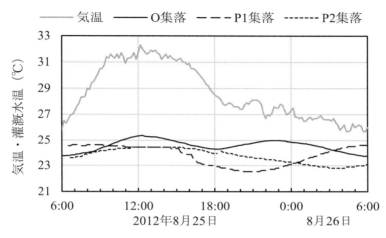

図 7.10 気温および灌漑水温の経時変化の一例（坂田ら，2015）
注：気温は調査圃場近傍のアメダス（春江）地点の 10 分ごとのデータである．その他は圃場の灌漑水温である．

表 7.1 圃場ごとの取水時における水口の平均水温
（坂田ら，2015）

	O集落	P1集落	P2集落
昼間灌漑区	24.3℃	23.7℃	23.5℃
夜間灌漑区	24.2℃	23.4℃	23.0℃

（25.4℃）と 22 時 20 分〜23 時 10 分（25.0℃）の 2 回水温のピークがみられた．前者の原因は日射による影響で，後者は河川で日射により昇温した用水が到達したことによると考えられる．頭首工で観測した同日の水温は 17 時 20 分〜50 分に日最高となる 25.1℃を記録しており，約 5 時間遅れて頭首工から 12.2km 下流（図 7.8 参照）の O 集落に到達したと考えられる．一方，パイプライン水路から灌漑される P1，P2 集落の圃場では水温のピークはそれぞれ，8 時〜9 時 10 分（24.6℃），11 時 30 分から 15 時 30 分（24.4℃）であり，日射を原因とした昇温はみられず，頭首工地点の水温に連動した温度変化を示した．

表 7.1 には各圃場において取水されたすべての日の時間帯ごとの灌漑水温の平均値を示した．この結果から，開水路から取水している O 集落ではいずれの時間帯の水温も，パイプラインから取水している P1，P2 集落より高い傾向にある．

（3）灌漑時間帯の違いによる地温変化

　灌漑による効果を評価するために，各観測点における灌漑開始時刻の地温を基準（ゼロ点）として灌漑終了までの温度変化の平均値（以下，「平均地温変化」という）を求めた．比較のために灌漑が行われなかった日についても起点となる時刻を昼間灌漑区では 6 時，夜間灌漑区では 18 時とし，起点となる時刻から 12 時間後までの地温変化の平均を求めた．なお，観測期間中に降雨日が日単位で 4 回（4 日分）記録されたが，降雨が圃場の温度変化に与える影響が大きいため分析から除外した．また，表 7.2 には降雨日を除いた灌漑日数を示したが集落によって耕作者が異なるため，観測期間中の灌漑日数は集落ごとに異なった．ただし，同一集落では昼間灌漑区と夜間灌漑区の灌漑日数はほぼ等しい値を示した．すなわち，同一圃場では灌漑条件の差はないと考えられる．

　図 7.11 には各集落における地温観測点ごとの平均地温変化を示した．夜間灌漑区では全観測点で灌漑を行った日の平均地温変化（以下，「灌漑あり」という）の方が，灌漑を行わなかった日の平均地温変化（以下，「灌漑なし」という）に比べて低下幅が大きい．各地点の灌漑ありと灌漑なしの値について t 検定を行ったところ，P1, P2 集落の圃場では全観測点で統計的に有意な差がみられた．一方，O 集落では統計的に有意な差がみられた地点はなかった．原因の 1 つに灌漑水温の違いが考えられる．図 7.10 に示すとおり，O 集落では最低となる灌漑水温が P1, P2 よりも高く，昼間の日射により水路や用水が熱せられることにより温度が上昇している可能性が考えられる．また，表 7.1 に示すとおり O 集落は P1, P2 集落よりも上流に位置するが，夜間の灌漑水温が高い．開水路であっても夜間は日射による昇温は生じないため，水温差は頭首工からの水路延長の違いが考えられる．頭首工から O 集落までの水路延長が 12.2km に対し P1, P2 集落まではそれぞれ，16.9km, 18.2km と長く，灌漑水温が最高または最低となる時刻が O 集落よりも

表 7.2 圃場ごとの降雨日を除く灌漑日数
(坂田ら，2015)

	O集落	P1集落	P2集落
昼間灌漑区	8日	8日	20日
夜間灌漑区	8日	7日	18日

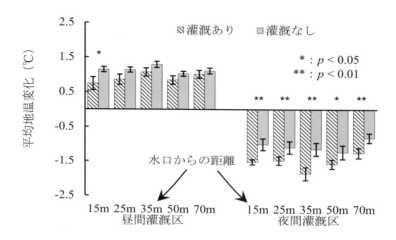

図 7.11 パイプライン供用集落（P1）における水口からの距離と平均地温低下の関係
(坂田ら，2015)

注：縦棒線は標準誤差，「*」，「**」はそれぞれt検定で有意水準5％，1％で棄却できたことを示す．

遅くなる（図 7.10）. すなわち開水路に接続した圃場であっても，頭首工からの距離によってはO集落よりも水温の低い用水を取水できる可能性が考えられる.

　昼間灌漑区では夜間灌漑区と異なり灌漑の有無にかかわらず，すべての観測点で地温が上昇するが，上昇の程度は灌漑ありの方が小さく，灌漑によって地温上昇を抑制する傾向がある．ただし，夜間灌漑区と同様の検定結果からは灌漑の有無による有意差はP1集落の15m地点のみとなった．昼間灌漑区においてほとんどの観測点で有意差が生じなかった原因として，灌漑を実施する際の条件の違いが考えられる．灌漑が行われる条件として考えられるのは，晴天が続く場合または湛水深が小さい場合であり，逆の場合には灌漑が行われない可能性が考えられる．すなわち，灌漑が行われる場合は温度上昇が起こりやすい条件下にある．一方，灌漑を行わない場合には温度上昇が比較的生じにくい条件となる．その結果，灌漑の有無による温度変化の違いが小さく有意差が認められなかったと考えられる．一方，夜間では晴天ほど放射による気温低下がすすみ，湛水深が小さい場合には，そうでない場合と比べ灌漑による地表面温度や地温を低下させる効果が大

きいと考えられる．すなわち，灌漑水温が低いことに加えて上記の要因が重なった結果，すべての観測地点で夜間灌漑区における灌漑を実施することよる有意な地温低下が生じたと考えられる．

5. 水路のパイプライン化が玄米品質に及ぼす影響

パイプライン用水路の整備と玄米外観品質との関係について，気温，地温および供用年数の観点から分析した．玄米外観品質は，花咲ふくい農業協同組合から倉前検査結果の提供を受け，コシヒカリの1等米比率を求めた．気温は調査地区内のアメダスデータ（春江）を用いた．分析期間は，イネの高温登熟障害に影響を与えるとされる出穂後20日間とした．出穂期は，2011年は8月1日，2012年は8月4日および2013年は8月2日とした（福井県農業試験場，web）．なお，分析に際しパイプライン用水路の整備と集荷方法とは互いに影響を受けないと考え，結果の調整は行っていない．

(1) 最低気温と玄米外観品質の関係

玄米の収量や外観品質が気温の影響を受けて変化することは，多くの研究結果により示されている．たとえば，気温が高い場合の影響として，登熟期全体または開花後1～2週間目前後の突発的な高温による玄米1粒重および良質粒割合の低下が実験的に示されている（森田，2000）．すなわち，灌漑水温が異なる条件で玄米外観品質を比較して気温との連動性が弱まれば，その差は水温による影響と考えられる．

開水路に比べパイプライン用水路からの灌漑水温が低いことによる玄米外観品質への影響を評価するために，調査地区の集落を，圃場に直結する末端用水路のパイプライン整備が完了し供用されている集落（以下，「パイプライン地区」という）と，未供用のため開水路から圃場に取水している集落（以下，「開水路地区」という）に区分して，玄米外観品質の指標の1つである1等米比率を収穫年ごとに集計し日最低気温との関係を図7.12に示した．なお，日平均気温，日最高気温，日最低気温のうち，日最低気温の出穂後20日間の平均値と1等米比率との相関が最も高くなった．また，2010年は全集落が未供用のため，開水路地区の1等米比率（92.5%）は全集落の平均値を示している．

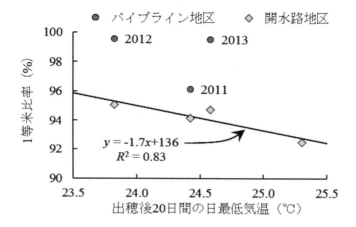

図 7.12 調査地区における出穂後 20 日間の日最低気温の平均値と 1 等米比率の関係
(坂田ら (2014) を加工)

注:パイプライン地区に付記した数字は収穫年(西暦)を示す.

　開水路地区の 1 等米比率は最低気温との相関が高く,気温が高いほど 1 等米比率が低下する傾向を示しており,上述の研究結果と一致する.パイプライン地区では,すべての年で開水路地区よりも 1 等米比率が高いことに加え,気温が高くなっても 1 等米比率は低下していない.パイプライン地区および開水路地区の圃場における水温調査では,パイプライン用水路から圃場に供給される灌漑水温は開水路から取水される灌漑水温より低く,とくに夜間の灌漑により圃場全体の地温低下が認められた.すなわち,開水路地区よりもパイプライン地区で 1 等米比率が高くなる要因の 1 つに,より低温の用水を圃場に供給し,地温が低下したことが考えられる.

(2) 地温低下と玄米外観品質の関係

　地温と玄米外観品質の関係について,昼夜を区分して穂と茎葉の温度を変化させた実験では,夜間に茎葉が平温かつ穂が高気温の条件では玄米 1 粒重と外観品質が低下すること,および,夜間に穂が平温かつ茎葉が高気温の場合には根重が低下するが玄米 1 粒重と外観品質には影響がないとの知見がある(森田ら,2004).

すなわち，出穂後の地温低下は玄米外観品質の向上に直接的には寄与していないことを示している．

一方，高温登熟障害の1つで，玄米中心部のデンプン蓄積不足の結果生じる乳白粒の発生は，高気温下では潜在的な子実乾物増加速度が急激に増加し，相対的な同化産物の供給不足が生じることが原因である（小葉田，2004）．イネの養分需給均衡を検討した実験では，出穂前から高温が続くと地力窒素の発現が早まり，地上部の成長に対し根が相対的に小さくなる結果，出穂後に葉の老化が促進し根の活性が低下することで白未熟米が多発しやすくなる可能性が指摘されている（和田ら，2010）．

上記の対策として出穂前から登熟期まで揚水した地下水を灌漑した実験では，高温の直接的な影響で発生するとされる背白粒と基白粒の発生を抑えられたこと，および，地温低下により根の生理活性が高く維持される結果が得られている（和田ら，2013）．調査地区のパイプライン地区では出穂後に限らず，灌漑期間当初から開水路地区に比べ低温の用水が供給されている．したがって，上記の実験と同様に出穂前からの灌漑による地温低下によって，開水路地区よりもパイプライン地区の水稲は根の活性が高く維持され，未熟粒などの発生が低く抑えられることで1等米比率の向上につながったと考えられる．

(3) 供用年数と玄米外観品質の関係

供用開始初年度にパイプライン用水路から圃場に直接取水が可能となった集落では2012年産および2013年産と比べて，供用1年目となる2011年産の1等米比率が低くなった（図7.12）．表7.3には供用開始前の2010年から2013年までの1等米比率と，出穂後20日間の平均気温の平均値を示す．

2010年は全国的な猛暑となり，当地区でパイプライン用水路の供用を開始した2011年以降の3カ年と比べて，高温障害により減少したと推定される収穫量（以下，「高温被害量」という）が多い年であった．一方，2011年は作況調査の段階で高温被害量が確認されない年にもかかわらず，2011年度に供用開始した集落では2011年以降の3カ年で1等米比率が最も低くなった．この原因の1つとして，供用初年度には十分な取水が行われなかったことが考えられる．既述のとおり，取水量の多寡は玄米外観品質に影響を与える（第2節）．当地区ではパイ

表 7.3 2011年度に供用開始した集落の1等米比率,出穂後20日間の日平均気温の平均値,および,福井県の高温障害による被害量の経年変化(坂田ら,2014)

西暦	2010	2011	2012	2013
1等米比率(%)	95.9	96.1	99.0	100
平均気温(℃)	29.0	27.9	28.0	28.3
高温被害量[注1] (t)	1,080	-	1,040	500

注1:農林水産省北陸農政局統計部(2014)の値を用いた.
注2:2010年はパイプライン用水路の供用開始前である.
注3:高温被害量は,高温障害により減少したと推定される収穫量を示す.2011年は被害なしを意味する.

プライン用水路の供用開始前は地区ごとに揚水機を設置し,時間を限定した灌漑が行われていた.そのため,農業農村整備事業により自然圧を利用したパイプライン用水路が整備されたが,揚水機が不要で管理労力や電力料金の懸念なく取水量を増加させられる水利システムが活用されず,耕作者が十分な取水を行わなかったことにより,他の年と比べて2011年には玄米外観品質が向上しなかったと考えられる.

パイプライン用水路の整備により柔軟な水管理が可能になると,長期的には生育のための用水が必要な中干し後の水需要が増加する(坂田ら,2007).裏を返すと,節水的な管理を行ってきた地域ほど,供用開始直後には十分な取水が行われないと考えられる.実際に,2011年度に供用開始した集落の1つで調査した出穂後20日間の圃場取水量は,経年的に増加した.また,2012年および2013年には集落全体で夜間灌漑を実施するなど,整備された農業水利施設を活用する取組みがみられ,十分な量の取水を行ったことと合わせて玄米外観品質の向上につながったと考えられる.

6. おわりに

農業農村整備事業における用水路のパイプライン化は,圃場水管理の自由度を高めることや,地形の高低差から生じる水圧を活かしたポンプ稼働電力の節減などが主な目的である.これらに加えて,高温登熟障害の適応策として,水温上昇を抑制し品質向上に寄与する効果が期待される.ただし,灌漑の水量や時間帯に

よって圃場の温度環境が変化することも明らかとなった．整備された水路や圃場を最大限活かし，収量や品質を向上させるための手法については，常に考えていく必要がある．

謝　辞

本章に関する研究の遂行には，農林水産省委託プロジェクト研究「農林水産分野における地球温暖化対策のための緩和および適応技術の開発」（平成 22～26 年度）および JSPS 科研費（課題番号：23658195）の助成を受けた．

引用文献

福井県農業試験場：稲作情報一覧, http://www.agri-net.pref.fukui.lg.jp/gizyutsu/inasaku/

木村匡臣・飯田俊彰・光安麻理恵・久保成隆 2013. 掛流し灌漑による高温障害対策時の用排兼用水路の水温形成, 農業農村工学会誌 81:289－292.

小葉田亨・植向直哉・稲村達也・加賀田恒 2004. 子実への同化産物供給不足による高温下の乳白米発生, 日本作物学会紀事 73:315－322.

森田敏 2000. 高温が水稲の登熟に及ぼす影響－人工気象室における温度処理実験による解析－, 日本作物学会紀事 69:391－399.

森田敏 2008. イネの高温登熟障害の克服に向けて, 日本作物学会紀事 77:1－12.

森田敏・白土宏之・高梨純一・藤田耕之輔 2004 高温が水稲の登熟に及ぼす影響－穂・茎葉別の高夜温・高昼温処理による解析－, 日本作物学会紀事 73:77－83.

Morita, S., Yonemaru J., Takanashi J. 2005. Grain Growth and Endosperm Cell Size under High Night Temperatures in Rice (*Oryza sativa L.*). Annals of Botany. 95:695－701.

中川博視・堀江武 1995. イネの発育過程のモデル化と予測に関する研究－第 2 報 幼穂の分化・発達過程の気象的予測モデル－, 日本作物学会紀事 64:33－42.

農林水産省北陸農政局統計部 2014. 平成 24～25 年福井農林水産統計年報「水稲の被害面積及び被害量」

大塚直輝・坂田賢 2013. パイプラインを利用した夜間灌漑実証試験, 農業農村工学会誌, 81:301－304.

坂田賢・中村公人・渡邉紹裕・三野徹 2007. パイプライン水田灌漑地区における長期水需要変化, 農業農村工学会誌 75:1089－1092.

坂田賢・友正達美・内村求 2011. 夏季高温下における営農手法が玄米外観品質に及ぼす影響, 農業農村工学会誌 79:615－620.

坂田賢・友正達美・内村求 2013. 猛暑に対応した水稲作付体系が用水需要変動に及ぼす影響, 農業農村工学会誌 81:269－272.

坂田賢・友正達美 2014. パイプライン用水路が持つ水温上昇抑制効果および玄米品質との関係, 平成26年度農業農村工学会大会講演会講演要旨集 446-447.
坂田賢・友正達美・吉村亜希子・大塚直輝・倉田進 2014. パイプライン用水路整備による夏季灌漑水温の上昇抑制効果, 農業農村工学会誌 82:625-628.
坂田賢・友正達美・吉村亜希子 2015. パイプライン水路からの灌漑が夏季の圃場地温に及ぼす影響, 農業農村工学会誌 83:735-738.
佐藤晃三・青木貞憲・鳴海英章 1988. 冷害・冷水害対策, 農業土木学会誌 56:553-558.
新村麻美・谷口智之 2013. 水田地域を多く含む流域における農業用水の温度変化, 農業農村工学会誌 81:293-296.
和田義春・大柿光代・古西朋子 2010. 出穂期以前の高温条件が水稲の生育, 根／地上部重比および玄米外観品質に及ぼす影響, 日本作物学会紀事 79:460-467.
和田義春・大関文恵・小林朋子・粂川春樹 2013: 冷水灌漑が水稲登熟障害発生軽減に及ぼす影響, 日本作物学会紀事 82:360-368.

第8章
増大する作物病害虫の新興リスクにどう立ち向かう？

大藤泰雄
国立研究開発法人　農業・食品産業技術総合研究機構　中央農業研究センター
病害研究領域　リスク解析グループ

はじめに

　気候変動に関する政府間パネル（IPCC）の第五次評価報告書においては，"人間の影響が20世紀半ば以降に観測された温暖化の支配的な（dominant）要因であった可能性がきわめて高い（95％以上）"とされている（環境省, 2015）．本来，ヒトが制御できない環境変動への適応として，生態系を改変した特定の動植物種の保護的な栽培に加えて，栽培環境の安定化・効率化による食料供給の安定化，生活環境の安定と利便性の向上など，化石燃料を利用した環境の改変が図られてきたが，皮肉なことに，そうした安定を求めるヒトの活動が地球温暖化という環境変動をもたらし，その変動への適応が喫緊の課題となっている．

　気候変動と合わせて，考えなければならないのは，農業を巡る経済的環境の変動である．経済の急速なグローバル化に伴い，ヒト・物が広範囲に，高速で，複雑なネットワークを経て移動する現代において，食料品だけでなく，栽培用種苗の海外からの輸入が増加している．また，人口の高齢化が進みわが国の国内農産物市場が縮小する一方で，アジア・アフリカをはじめとする成長する海外市場に向けた国産農産物の輸出が急速に拡大しつつある．

　こうした農業を取り巻く環境の大きな変動は，作物病害虫の問題にどのような影響を及ぼすのか，また，その対応はどの様に考えるべきなのであろうか．本稿では，こうした影響とその適応策について，リスク管理の考え方に基づく整理を

試みる．また，そのリスク管理について，現在，農研機構が行っている取り組みを中心に紹介し，今後の作物保護分野における研究の展開について考察する．

1. 作物病害虫のリスクとその管理とは

(1) 病害虫とそのリスクの定義

　作物病害虫の，「害」たる所以は，ある植物が生育することで得られると我々人間が期待する何らかの社会的・経済的利得が，その病原体や虫などの発生により損なわれることにある．すなわち，何らかの植物生育の目的を損なう病原体や虫を「作物病害虫」と呼ぶ．また，リスクという言葉の定義は，実にさまざまであるが，リスクマネジメントの国際規格ISO31000の定義に従うと，「目的に対する不確かさの影響」とされる（日本規格協会，2010）．つまり，この定義に従えば，ある植物の生育から期待する何らかの社会的・経済的利得の達成という目的に対して，病害虫発生の可能性が存在することで，その目的達成が不確かさを増すときに，「病害虫のリスク」が存在する．その大きさは，病害虫が発生しない場合に得られると想定する利得からの，病害虫が発生したときに得られると想定する利得の乖離の大きさと，その乖離が発生する蓋然性により決定される．「リスク」は，あくまで，病害虫の発生の確率や被害の程度に関する情報が不足しており，まだ病虫害の発生という事象が確定していない時点で存在し，すでに発生や影響が確定されているときには存在しない．

(2) 病害虫リスクの構成要素

　リスク発生の主因を「ハザード」とよぶ．病害虫リスクにおいては，病害虫種の存在可能性がそれに当たる．リスクが認識されるためには，ハザードにより影響を受ける目的の存在が大前提である．また，病害虫の発生の可能性を生じさせる，宿主の存在や栽培状況など，さまざまな環境条件（誘因）も必要である．したがって，目的，ハザード，誘因がそろって初めて，リスクが認識されることになる（図1.1）．その時に，上記の3つの要素が出そろうシナリオにより，リスクは特徴付けられる．

第8章 増大する作物病害虫の新興リスクにどう立ち向かう？　（ 129 ）

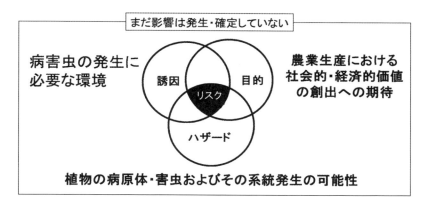

図1.1 作物病害虫のリスクの構成要素

(3) 病害虫リスク管理とリスクアナリシス

　リスクの本質は，大まかには，目的とする状態からの乖離の大きさ（影響の大きさ）と，その乖離が発生する確率であることから，リスクを小さくする方法は，その乖離を小さくする（つまり影響を限定する）か，その乖離の発生確率を下げるか，の 2 つに分けられる．リスクを小さくするためには，何らかの対策をとる対象は，ハザード，目的，誘因の 3 つの要素の中にしか存在しないので，まず，ハザード，目的，誘因の三要素を具体的に明示し，次に，関連する情報を収集して，その情報に基づき，リスク発生のシナリオを組み立てる．そのシナリオに沿って，構成要素とその役割を具体的に明らかにすることで，影響を小さくする，または，影響の発生確率を低減するのに有効な，管理要点を見つけ出す．そして，その管理要点に適用可能な管理手段を探索し，それを実施してリスクが小さくなったことを確認する．このリスクを小さくするための一連の過程は「リスク管理」とよばれ，なかでも，管理手段を明らかにするまでの過程はリスクアナリシスと呼ばれる．病害虫における，リスクアナリシスの枠組みは国際植物保護条約（IPPC）における植物衛生措置の国際標準（ISPM）No.2（Secretariat of the IPPC, 2007）において示されている（図 1.2）．病害虫のリスクアナリシスでは，「Stage 1 開始」として対象とするハザードとその潜在的有害性，ハザードの発生経路，リス

ク管理の要否を検討する地域，を特定し，対象とする病害虫種がリスク要因となり得るかを検討する．リスク要因となり得る場合は，次いで，「Stage 2 リスク評価」で，その病害虫が対象とする地域の環境下でどの程度のリスクを生じるか，また，そのリスクが無視できるか否かを評価する．リスクが無視できない場合は，リスク評価の結果を受けて「Stage 3 リスク管理」で，具体的な管理手段を提示する．この時，管理要点と管理手段は一組とは限らず，影響が生じるシナリオの中で，リスクを小さくするために有効なあらゆる管理の選択肢を見つけ出すことが必要となる．上記の，リスクの3つの要素とその組み合わせのシナリオの分析は，おもに，「Stage 2」のリスクアセスメントで行う事になる．さらに，リスクアナリシスにもとづくリスク管理は，リスクが存在するか否か，存在するとしたら管理が必要なほどの無視できない大きさであるか否かを，誘因と目的に照らして評価する事が必要で，さらに，実際の管理を行った結果から，必要に応じてリスクアナリシスをやり直し，管理手段を見直す，というサイクルマネジメントの考え方で成り立っている．こうしたことから，影響を受ける「目的」を持つ利害関係者や，リスク管理により種々の影響を被る可能性がある利害関係者からの意見を反映させたマネジメントが必要になるため，全ての利害関係者との情報共有とリスクコミュニケーションが不可欠である．

　ハザードが未確定の段階でも，過去の多数事例の疫学的な分析に基づき状況証拠として誘因の中に管理要素を見つけ対策を施すことが可能な場合もある．典型的な例としては，病原細菌の存在がまだ知られていない時代に疫学分析に基づいて実施されたジョン＝スノウによる衛生環境の改善によるロンドンにおけるコレラ予防対策の成功例や，ビタミン欠乏という症例が知られていない時代に行われた日本海軍による食事の改善による脚気予防対策の確立などがある（中村, 2002）．ロンドンにおけるコレラ予防対策の例でも，日本海軍の脚気予防対策の例でも，一定の犠牲を払うことで蓄積した情報があって，はじめて対策が推定できたとも言える．しかし，犠牲は最小限度として，直接的な対策がとれることが望ましいことは明らかで，対策の成否や犠牲の多寡を決めている，目的，ハザード，誘因に対する事前情報がきわめて重要であることに変わりは無い．

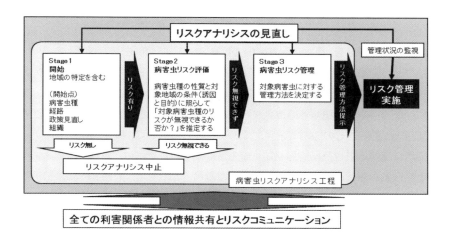

図 1.2 病害虫リスクアナリシスの枠組み（引用：ISPM No2 より大藤が作成）

(4) 大変動時代の病害虫の新興リスク

　新興リスクとは，前述の「ハザード」，「目的」，「誘因」という 3 つの要素の中で，存在しない要素が新たに考慮の範囲に発生する事で新たに認識されるリスクである．新たに発生する要素は，3 要素のいずれか，またはその全てである．病害虫のリスクでいえば，新たな病害虫種の出現の可能性の他にも，既存の病害虫に対しても，新たな栽培環境などの誘因の出現可能性，あるいは，新たな植物ビジネスの出現の可能性など，どういった環境で，誰が，どの様な目的を持つかといった，植物の生育を巡る環境の変動や，植物の生育から得られる社会的・経済的利得の変動から，新たなリスクが生じうるのである．したがって，大変動時代の新興リスクに立ち向かうためには，上述のリスクアナリシスに基づき，リスクの 3 つの構成要素について，新興リスクの推進要因となり得る要素とその変動，リスクが認識される過程のシナリオを，集めうる情報に基づき具体的に推定する必要が有る．

2. 作物病害虫の新興リスクの増大

(1) 病害虫種を起点とした新興リスク発生の枠組み

　ハザードである病害虫種の存在を起点として考えた場合の新興リスク発生のシナリオは，新たな病害虫種や既発生種の新系統の侵入によるリスクの発生と，すでに存在する病害虫種やその既発生系統による新たな影響の顕在化の，2つに大別できる．なお，その地域で未発生である病害虫種の他に，既存の薬剤での防除が困難な薬剤抵抗性系統や病原性・寄生性が異なる生物型は，既存の系統・生物型と異なる影響を生じると考えられることから，その地域で既発生の病害虫種であっても，その侵入の可能性は新たなハザードとして認識されるべきであろう．こうしたことから，国際植物防疫条約二条1項において規制の対象とする有害動植物を，「植物，動物，または病原体のあらゆる種，系統またはバイオタイプであって，植物または植物生産に有害なもの」として定義している．

　新たな病害虫種や既発生種の新系統の侵入によるリスクの発生過程において，植物寄生性糸状菌や害虫の移動経路には，自分で飛翔・遊泳する場合を含めた自然に生じる経路と，意図的・非意図的を問わず人為的に生じる経路がある（Palm and Rossman, 2003, Kiritani and Yamamura, 2003）．ウイルス・ウイロイド・ファイトプラズマ・細菌などの自律的な長距離移動の手段を持たない植物病原体も，基本的には，植物や媒介生物に寄生して移動する過程として，上記の2つのいずれかの経路を辿ると考えられる．自然に生じる経路として，たとえば，コムギのさび病やダイズのさび病などの糸状菌の胞子の気流による長距離の移動の可能性がある（Aylor, 2017）．また，わが国でも，海外からウンカ類が飛来することが知られており，近年の例でいえば，そのウンカ類により媒介されたウイルスを病原体とするイネ南方黒すじ萎縮病の発生が国内で初めて確認されるなど（松村・酒井, 2011），害虫の飛来が病害の新興リスク要因となる事も知られている．一方で，新たな病害虫の侵入の推進要因として，地球規模での交易の拡大など，意図的，非意図的いずれにおいても人為的な移動が，外来種の経路として考えられる（Hulme, 2014）．

　すでに存在する病害虫種およびその系統による新たな影響の顕在化の可能性は，

目的と誘因の変化が推進要因となることで生じる．環境条件の変化への適応として新たな経済活動が生まれて目的が変化する，あるいは，新たな経済的目的に伴い品種の変更や栽培様式の変更などの誘因が変化する，といった形で，ハザード以外の要素が相互に作用して新たなリスクを生じる事が考えられる．ただし，この場合は，あらかじめ，ハザードが認識されて十分な情報が得られれば，たとえば，病原菌のレースに応じた抵抗性品種を導入する，土壌伝染性の病原菌の密度が高い汚染圃場での栽培をとりやめる，といったように，その事前情報にもとづいて，目的や環境を設定することで新興リスクは回避されるかもしれない．

(2) 環境の変動が推進要因となる新興リスク発生の枠組み

現在，作物病害虫を取り巻く環境の変動の中で，新興リスクの推進要因として，大きくは，地球温暖化，交易の拡大に伴う病害虫の移動機会の増加，農産物市場の変動に伴う新たな経済活動，の3つが挙げられる．これらは独立して新興リスク発生の推進要因として働くことも考えられるが，複合的にも働くと考えられる．

地球温暖化が推進要因となる例として，Bebberら（Bebber et al., 2013）は，公表された612種の病害虫の初発記録の日付と緯度の解析から，それら病害虫の発生域が，1960年以降，年平均で2.7km±0.8kmずつ両極方向へ拡大しており，地球温暖化が推進する病害虫発生域の移動という仮説を支持するものであると述べている．発生域が移動するということは，病害虫種が入り込んだ先に，定着できる環境が存在していることを示しており，生存可能な環境が拡大していると考えるべきであろう．確かに，害虫種などでは地球温暖化により，ある地域ではこれまでに越冬できないため定着しなかった種が，温暖化によりその地域が越冬可能な環境に変わった結果定着する可能性が生じる，というシナリオはあり得る．また，気流などを利用した病害虫の移動は，気象条件の影響を受けていると考えられており（寒川ら，1988），たとえば，気候変動の影響として気流や台風の経路が変化することで，それらにより運ばれる病害虫により，新たに影響をうける可能性がある地域が生じるというシナリオも想定される．さらに，いずれの場合においても，移動先に誘因と目的条件が存在するか否かがリスクの発生の有無を決めるため，宿主植物の分布域の変動は，新興リスクの推進要因としてきわめて重要な役割を果たす．植物の分布もまた地球温暖化の影響により変動する具体的な推

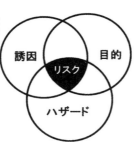

図 2.1 地球温暖化を推進要因とする新興リスク発生の枠組み

進要因となりうる．自然植生の変化だけではなく，気候変動への適応の結果として新たな経済活動により，従来無かった植物が出現することが，新たな侵入病害虫に定着の場を提供することになることが想定される．熱帯・亜熱帯原産の作物の導入や，既存の作物の栽培域の高緯度地方への拡大は，熱帯・亜熱帯性病害虫の定着可能な条件を生み出し，低緯度地域の病害虫の高緯度地域への発生域の拡大を促す要因となると考えられる．

　交易の拡大に伴う新たな病害虫の移動機会の増大は，古くから知られている．有名な例として，1859 年にフランスがアメリカから輸入したブドウ苗に付着していたブドウネアブラムシによりフランスのブドウ産地が甚大な被害を受け，その後欧州諸国へと発生が拡大したことを受け，1878 年にいくつかの欧州の国の間でブドウネアブラムシの寄主植物の移動禁止を含む措置について，国際条約が調印されたのが植物検疫の始まりといわれている（Devorshak, 2012）．わが国でも，こうした外来種の増加は，外部との交易の大幅な拡大時期と重なっており，戦後，冷蔵コンテナの利用や，航空貨物輸送の増加により，生鮮植物の輸入が可能になったこともあり，特に，栽培用植物，切り花，など生鮮植物での植物検疫で害虫などが発見される例が増えおり，アザミウマ類，コナジラミ類などの重要な施設害虫の侵入・定着をもたらしているという（桐谷・森本，2012）．なかでも，病

害虫が生存出来る条件で輸入される生鮮植物の交易量，特に，そのまま栽培に供される種苗の貿易量の増加は，新たな市場のニーズに応えた新しい植物種の導入も含めて，海外から未知の病害虫が持ち込まれる経路の拡大として，新興リスクの推進要因となり得ると考えられる．農林水産省の植物検疫統計（http://www.maff.go.jp/pps/j/tokei/index.html）によれば，ここ20年間を見ても栽培用植物の輸入検査点数は，平成7年の約1億5千万点から，平成27年度には三倍の約4億5千万点に増加しており，また，航空貨物における輸入植物検査数量は，平成9年の約9600万点から平成27年度には約1億2600万点に増加している．この間に，貿易相手国も変化しており，欧米からの輸入が減る一方，新たな貿易相手国としてアフリカやアジアの開発途上国・地域からの輸入が増加している．相手国内の病害虫の発生状況が異なる貿易相手国・地域の増加は，未知種を含む新たな病害虫種の入り込みの可能性を高める要因と考えられよう．栽培用植物の様にリスクが高い経路以外でも，たとえば，主たる伝播経路である土壌や宿主植物の輸入が禁じられているにも関わらず国内で発見されたジャガイモシロシストセンチュウ等の例を考えると，人・物の交易の急速な拡大は，従来想定していなかった情報が十分でない経路発生の可能性を上昇させるという点でも，新興リスクの推進要因として重要性を増すことが考えられる．

　農産物市場の変動に伴う新たな経済活動が新興リスクの推進要因となる場合として，農産物の輸出におけるリスクの発生が想定される．農林水産物の輸出額は，

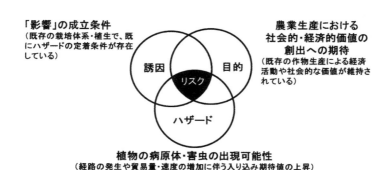

図 2.2　交易の拡大を推進要因とする新興リスク発生の枠組み

2019年度1兆円達成の政府目標にたいして，すでに，平成24年度の約4500億円から四年間で約7500億円にまで増加している．生鮮品としてりんごや梨，温州みかんなどの果実やイチゴやトマトなどの果菜類のほか，加工品として茶，さらに，観賞用として盆栽や花きなど，拡大する海外市場への輸出が増加している．

こうした中で，植物検疫が非関税障壁となる場合もある．この原因は，輸出先国が，新興リスクとしての未発生病害虫の侵入に対する管理措置として輸入禁止や輸出検疫措置を求めるためであり，交易の拡大に伴う新興リスクの発生と同じ問題の構造を持つ．国内の流通とは別に，相手国との二国間の検疫協議を通じた，園地の管理や梱包方法や場所，輸送条件などの検疫条件の設定が新たに必要となる（植物防疫所 http://www.maff.go.jp/pps/j/search/detail.html）．そのため，生産コストが上昇するなどのリスクが生じる．さらに，病害虫種の侵入ではなく，その防除に用いられる農薬の残留がハザードとして輸出相手国により認識される場合も想定される．輸出しようとする国の規制対象として，従来の国内向け生産活動では想定していなかった病害虫や防除技術に対して，国内向けとは異なる管理を求められる可能性が生じる．

このほかに，既発生病害虫が新興リスクの推進要因となる例としては，国内市場のニーズの変化に対応して導入された新たな作物に対して，既存の病害虫による被害が顕在化する可能性も組合せとしては存在しうることになる．

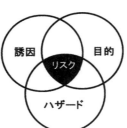

図2.3 経済的環境の変動など目的や誘因の変化が推進要因となる新興リスク発生の枠組み

(3) 想定される新興リスク発生のシナリオ

実際の新興リスク発生のシナリオにおいては，(1)で示した枠組みの中で，(2)に述べた，地球温暖化，交易の拡大，市場の変化の三つの変動要因は，相互に関連してリスクの推進要因として作用する．いくつかシナリオを例示的に想定してみよう．

シナリオ1　地球温暖化により既存の植物生産活動への新たな病害虫種の侵入が可能になる．

たとえば，カンキツグリーニング病の媒介昆虫ミカンキジラミの越冬可能な地域が，九州・四国・本州のカンキツ生産地域へ拡大することで，それらの地域では，グリーニング病のリスクが生じる，あるいは，サツマイモのアリモドキゾウムシの越冬可能な地域が九州，四国，本州のサツマイモ生産地域へ拡大することで，それらの地域ではアリモドキゾウムシのリスクが生じる，スクミリンゴカイ（ジャンボタニシ）など南の地域にしかいなかった有害動物の生息域が拡大する，といった事が想定される．さらに，時々飛来して加害する程度であった熱帯・亜熱帯で発生するウンカ類，あるいはヨコバイ類が，国内で生活史を完了することが可能になることで，すでに国内で成立している植物生産活動において，国内に恒常的に発生するリスクが生じる．また，その中の特定の種が媒介する国内未発生の，水稲のウイルス病やサトウキビのファイトプラズマ病などの熱帯・亜熱帯に分布している病害によるリスクが生じるといった事も想定されるであろう．

シナリオ2　地球温暖化に適応した新たな生産活動が期待されるとき，その活動に影響する新たな病害虫の侵入の可能性が生じる．

たとえば，温暖化に適応してパパイア，マンゴーなどの熱帯果樹が新たな経済活動として導入されることで，熱帯性の害虫の宿主栽培が増え，また，それらを宿主とする害虫の越冬が可能になる．これまでも自然経路を通じて断続的に侵入を繰り返してきたミカンコミバエ種群といった熱帯・亜熱帯性植物を加害する病害虫が，恒常的に発生する誘因が生じた結果，機会的な侵入や交易の拡大を通じて入り込み，定着・まん延し経済的被害を生じるかもしれない．

シナリオ 3　人，物の移動量の増加に伴い，新たな病害虫種が国内の既存の作物栽培へ侵入する可能性が生じる．

　たとえば，新たな微小害虫種やウイルスが植物の交易の拡大を通じて既存の作物栽培の現場に定着する可能性は，すでに国内の施設園芸を中心に大きな経済的コストを生じているアザミウマ類やコナジラミ類といった微小害虫種と，それらが媒介するウイルスの例を見るまでもない．また，種苗の貿易拡大により，たとえば，ナス科作物やキク科植物を侵すポスピウイロイド類の侵入する可能性は高まる．欧米を中心に大きな問題となっている *Phytophthora ramorum* や *Phytophthora kernoviae* といった森林に重大な被害を及ぼす恐れがある糸状菌が園芸作物の種苗により植物生産現場だけでなく自然植生へ侵入する，といった恐れもある．

　さらに上記のシナリオ 1 から 3 で取り上げた新たな病害虫種の侵入は，その病害虫に対する清浄国の地位の喪失による輸出への間接的経済被害の原因となり得る．

シナリオ 4　海外市場への農産物の展開を図る上で国内既報告の病害虫またその防除に対する新たな対応が必要となり輸出が困難になる．

　現在でも，うんしゅうみかんの輸出においては，国によっては，輸出検疫条件として，国内既発生病害虫に対する表面殺菌や生産園地周辺でのトラップ調査などが求められており，こうした措置を必要とする国内既発生病害虫の存在が，市場拡大に向けてリスク要因となりうる．さらに，輸出が可能となっても，何らかの事由により，一産地での病害虫の混入事案が生じれば，輸出停止などの事態に至る，あるいは市場の信用の低下につながるなどの経済的影響が生じる．

　また，国内既発生病害虫の存在が間接的にハザードとなる例として，それらに対する化学的防除に伴い生じる残留農薬について，輸出先国の基準がわが国と異なることから，国内の基準を満たしていても輸出出来ないおそれがある（農林水産省 http://www.maff.go.jp/j/export/e_shoumei/zannou_kisei.html）．

ここで例示した 4 つのシナリオによる新興リスクの発生と顕在化は，わが国に限ったことではなく，気候変動に伴い，あるいは，経済のグローバル化に伴って，さまざまな国・地域で起こりうることから，各国や国際的な取り決めの中でその対応を考える必要が有る．

3. 新興リスクの管理にむけた取り組み

ここまで，病害虫の新興リスク発生の枠組みと，推進要因の組合せによりシナリオを整理した．2 (1) で述べたように，ハザードである病害虫種を起点として考えた場合の新興リスク発生のシナリオは，新たな病害虫種の侵入によるリスクの発生と，すでに存在する病害虫種による新たな影響の顕在化の，二つに大別できることを示した．これらについて，2 (3) のシナリオ 4 で述べた化学物質がハザードとなる例を除く作物病害虫による新興リスクは，主たる影響を受ける目的を有する者（ステークホルダー）を，既発生地での宿主・寄主植物生産における利害関係者とするか病害虫が移動する先の宿主・寄主植物生産における利害関係者とするかの違いだけで，その管理とは，本質的には，ある地域から別の地域への，病害虫の新規侵入による影響とその可能性を低減することであるのは明らかである．そこで，病害虫の発生地から未発生地への侵入による新興リスクにのみ焦点を絞って，その発生の構造に基づくリスク管理の枠組みについて論じる．

病害虫の発生地から未発生地への侵入リスクの発生プロセスは，病害虫種が，自発的または人為的な経路を通じて未発生地域の宿主・寄主植物に到達する「入り

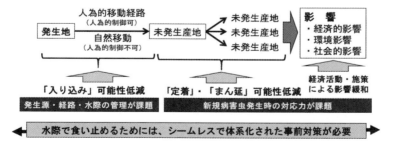

図 3.1 病害虫の侵入による新興リスク発生の工程とその管理要点の概念図

込み」，入り込んだ病害虫がその地域に予見される将来にわたり生きながらえる「定着」，さらに，一定の地域内で定着場所が空間的に増加する「まん延」と，まん延の結果としてのその地域における社会的・経済的目的に対する「影響の発生」に分けられる（図 3.1）．

　さらに，リスクは，概念的には，入り込み・定着・まん延の各工程の発生の確率とその結果生じると想定される影響の大きさの積で表される（FAO, 2007）．未発生地への新たな病害虫の侵入対策における最終目標は，「リスクを利害関係者が受け入れ可能な無視できるレベルに最小化する」ことであり，リスクを無視できる程度にまで小さくするためには，入り込み・定着・まん延それぞれが成立する確率を小さくするか，影響を小さくするしかない．人為的移動について，一般的には，港や空港などでの植物検疫上の検査が知られている．一定の頻度で病害虫が付着した品物が取引されるとして，一定の精度の検査により病害虫の入り込みを阻止しているとしよう．検査量が増えても検査の精度は一定にたもたれるとしても，入り込みを許す病害虫の量は品物の取扱量に比例して増えることになるので，病害虫の入り込みが成立する確率は交易の増加に比例して高まると考えられる．

　したがって，交易の増加に伴うリスクの増加を低減するためには水際の検査など単一の措置には限界があることは明らかである．また，自然経路により入り込みが起こる確率は人為的に制御できないので，その場合は，水際での措置の有効性は低い．特定の人為的移動経路に対する交易の停止や発生時の化学的防除による消毒といった強力な管理措置をとったとしてもリスクはゼロに出来ず，そうした強い措置のみに頼ることは，措置の費用が嵩む上に，貿易や商品の流通などの経済活動，あるいは環境や人の衛生に対して過度に制限や悪影響を加える可能性がある．こうしたことから，国際条約においても，発生地から影響の発生が想定される未発生地までのリスク発生の各工程において，複数の独立した低減策をシームレスに体系化して行う事で，全体としてリスクを受け入れ可能な水準に下げることが望ましいとされ，システムズアプローチによる管理が推奨される（Secretariat of the IPPC, 2002）．システムズアプローチの考え方は，入り込みについて，人為的経路であろうと，自然経路であろうと同じで，システムズアプ

ローチの有効性を最大化するためには，病害虫毎のリスク発生の工程についての理解が不可欠であり，リスクアナリシスが重要になる．EUでは，欧州食品安全委員会（EFSA）の植物衛生パネルが，EU域内検疫有害動植物のリスクアナリシスを，EU加盟国の専門家集団を動員して実施している（http://www.efsa.europa.eu/en/panels/plh）ほか，EU加盟国を中心に各国の専門家を集めたブレーンストーミングとして，Science Colloquiumを実施して，アイデアの抽出，世界的な情報の収集・整理を試みている．新興リスクについては，2011年6月に開催された"Scientific Colloquium on Emerging Risks in Plant Health: From Plant Pest Interactions to Global Change（「植物衛生における新興リスク：植物-病害虫相互関係から地球規模の変動まで」）"において，その推進要因を「病害虫-植物相互作用」，「農林業における耕種の変更」，「貿易・食料消費・土地利用の変化」，「地球温暖化」に分けて，いかに新興リスクに対峙するかを議論している．その議論を通じて出された主な意見を要約すると，

・既存の公開データセットの不足や過誤の修正と更新
・データ収集への生産者，産業界，アマチュア博物学者，一般公衆の参加
・情報の渦の中から新興リスクを特定するための（技術的）改良
・新興リスクの特定の取組の国際的な統合や，協力の必要性
・貿易データ，特に栽培用植物など高リスクな経路に関するアクセス確保
・戦略優先順位付けのための過去の侵入事例の分析
・緊急時対応計画の策定や病害虫リスクアナリシス実施のための手法の強化

となる（EFSA, 2011）．つまり，発生地からリスクを有する未発生地に至る全ての過程において，いかに新興リスクとその関連情報を迅速にとらえるか，そして，それらの情報を対策に反映させる病害虫リスクアナリシス実施のための手法をいかに強化するか，が重要であるということになる．

わが国においても，病害虫リスクアナリシスの強化に向けて，平成22年度から農業・食品産業技術総合研究機構の病害虫分野の研究者が中心となって検疫対象を決定するための病害虫リスクアナリシス手法の開発を行った．その結果をうけて行政部局により病害虫リスクアナリシスの手順が定められて，病害虫ごとの侵入リスクに応じて，必要な検疫措置の見直しが行われている（佐々木ら，2015）．

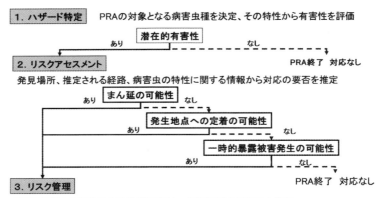

図 3.2 新興病害虫種発生時の意思決定のためのリスクアナリシスの枠組み

　さらに，平成 24 年度には農林水産省が「重要病害虫発生時対応基本指針」を策定したことを受けて，農業・食品産業技術総合研究機構中央農業研究センターでは，平成 25 年から，レギュラトリーサイエンス新技術開発事業「新規国内侵入病害虫対策のためのリスクアナリシスの実施手順の確立」を実施してた．その中で，まず，国内未発生病害虫の疑似症状が発見されたときの初動対策決定のためのリスクアナリシスの枠組みを提示した（図 3.2）．この枠組は，図 1.2 に示した国際基準の PRA の枠組みを活かしながら，国内での発見を想定した枠組みとして，リスクアナリシスを構成する「ハザード特定」「リスクアセスメント」「リスク管理」の 3 つの工程から構成される．「ハザード特定」は発見された病害虫の種や系統を特定して，リスク評価が必要な潜在的有害性を有する種や系統であるかを決定する．次の「リスクアセスメント」においては，実際の発見時の状況から，発見場所における定着の可能性や他の地点への移動経路発生の可能性，定着はせずとも経済的被害としての一時的な暴露被害が生じる可能性も評価して，他の地域へのまん延の可能性と発生地点における管理を含めたリスク管理の要否を分析する．さらに，「リスク管理」の段階での経済的な有効性に基づく管理意思決定のための費用便益分析法を提示している（澤田ら，2016）．

さらに、「リスクアセスメント」の段階で、まん延や定着の可能性を検討する考え方を、「故障の木分析：Fault Tree Analysis（FTA）」の考え方にならって整理したものが、図3.3である。

　FTAでは、はじめにもっとも起こって欲しくない事象を「頂上事象」として設定し（小野寺，2000），その頂上事象が起こる前に生じる失敗の事象（「中間事象」）をリストアップして、その発生のシナリオとして図化し、頂上事象にいたる過程でどの様な過誤が生じているか、また、どの過誤の発生が重要な意味を持つか、シナリオを分析する手法である。病害虫の「まん延」を頂上事象として定義し、まん延のシナリオの基本構造の解明を試みた。「まん延」は、「ある地域内で病害虫の発生が地理的に拡大する事」と定義される（Secretariat of the IPPC, 2015）。つまり、まん延の過程は、「ある地域内で、ある病害虫種の「入り込み」と、入り込み先での「定着」が連続して発生して発生地点の分布が拡大している状態」ととらえる事ができ、「発生地点から未発生地点への入り込みの成立」と、「入り込んだ地点での定着の成立」の2つの大きな中間事象に分けられる。これらの中間事象のうち、「発生地点から未発生地点への入り込みの成立条件」は発生地から未

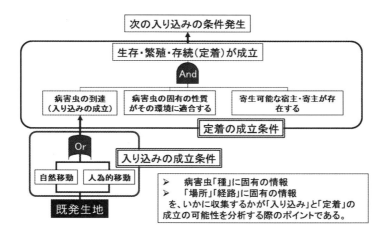

図3.3　ある病害虫種の「まん延」を頂上事象としたときの中間事象の解析例

発生地への経路の発生であり，その中間事象は，「自然移動」と「人為的移動」のいずれかまたは両方の成立である．また，「入り込んだ地点での定着の成立条件」の中間事象は，「入り込んだ場所での寄生可能な状態の寄主・宿主の存在」と「初期増加を可能にするその場所に固有の環境条件の存在」となり，これらの中間事象は同時に成立して初めて定着が成立する関係にある．

　こうしてまん延の基本的なシナリオの構成要素として示された個々の中間事象の成立の可否を判断する情報がリスクアセスメントで必要な具体的な情報ということになる．さらに中間事象を細分化した中間事象へと分析するためには，経路となり得る移動手段や自律的移動の可否，宿主範囲や寄主植物，病原体や害虫の増殖条件など，病害虫種や場所に固有の情報が必要となるため，まず，対象となる病害虫と定着の可否を問う未発生地点の特定が必要になる．最初のリスクアセスメントが必要な未発生地点は，対象病害虫の発見地点か影響が予想される地点として特定されるので，病害虫リスクアナリシスにおいては，必然的に病害虫種の特定が最初の作業となる．分析の対象とする種が決まることで，ある地点における環境条件や宿主・寄主の存在など収集すべき情報が決まるので，その後のリスク管理実施にいたる作業を迅速に行うためにも，最初に行う病害虫種の特定は，正確，かつ迅速でなければならない．

4. 病害虫種の検出・同定の重要性とそのための取り組み

　上述のとおり，リスク管理のベースとなるリスクアナリシスでは，迅速かつ正確なハザードの特定が重要である．ところで，植物の病害虫，特に農林業上のハザードの特定に必要な病害虫の種または生物型の同定・識別は，その必要とされる場面でだけでも多岐にわたる（図 4.1）．また，いずれの場面でも，病害虫種の特定には近縁種との識別が必要となるため，近縁種，特に既発生の近縁種の情報も対象種の情報と同程度に重要である．さらに，従来，こうした同定・識別は，種群毎の専門家により行われてきたが，同定・識別に際して，専門家による特殊な技能や経験，場合によって，飼育・培養などの作業が必要となる．しかし，専門家も施設の数も限られているのが現状で，警戒すべき病害虫種の増加への対応が困難になりつつある中で，迅速な対応が困難になりつつある．限られた専門家の知

識や経験，専門家により吟味された情報と標本の継承も喫緊の課題である．こうした状況は，わが国だけではなく，国際的に重要な病害虫種やその系統について，病害虫種の特定情報が迅速に得られない，あるいは，専門家以外に情報共有されにくいがために，発生しても，専門家以外の者が気づかぬうちに，まん延に至り，管理が手遅れになるという事態を招く恐れがある．

一方で，生物の分類学においては，遺伝子解析技術の発達に伴い，形態を含む主要な表現型と遺伝子型を紐付けした種や系統の識別や，遺伝子情報による個体群識別がさまざまな種群について利用可能な状況になってきており，IT 技術を用いて，より多くの利用者に迅速に提供する事も技術的には可能になってきている．

こうした流れの中で，植物・動物の分類学を中心に，少数の分類の専門家の経験や知識を，遺伝子情報を媒体として蓄積・共有するための「DNA バーコーディング」と呼ばれる取り組みが世界的に進められており（http://www.barcodeoflife.org/），植物防疫の分野でも，欧州連合（EU）向けに，ワーゲニンゲン大学が中心となり，EU が定める検疫有害動植物の同定情報に関するデータベースシステム "Q-BOL"，"Q-bank"を開発し，運用している（https://www.qbol.org/en/qbol.htm，図 4.2）．このシステムは，EU 内の研究機関，自然誌博物

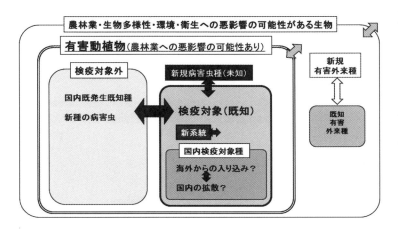

図 4.1 有害動植物のリスク管理において求められる種・系統の識別（両矢印）の多様性

館などの専門家ネットワークにより運営され，EU の検疫有害動植物リストを中心として，ウイロイド，ウイルス，ファイトプラズマ，細菌，糸状菌，節足動物，線虫という植物病害虫のほぼ全ての分類群について分類学的・生物学的情報と遺伝子情報を結びつけるデータベースと，遺伝子バーコード情報からの種の検索システムで構成されている．データベースの充実に向けて，EU 域外の研究者からのデータの収集などの国際共同研究にも取り組んでおり，登録すれば EU 域外の研究者も情報の提供や種同定のサービスを利用出来る．

わが国でも，国内既発生病害虫について，多数の標本や菌株が，旧農業環境技術研究所昆虫インベントリーや旧農業生物資源研究所ジーンバンクに収蔵され，データベース化されている．これらの機関は現在，国立研究開発法人農業・食品産業技術総合研究機構（略称:農研機構）に再編されたが，データベースは承継されて，植物防疫行政などで利用されている．平成 28 年度から始まった農研機構第 4 期中長期研究計画においては，これらの研究資源をさらに遺伝子情報ベースで利用可能な形で整理する研究を推進している．国内未発生の病害虫については，

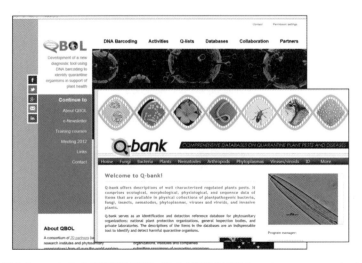

図 4.2 EU における遺伝子情報に基づく病害虫同定サービス Q-BOL，Q-bank
（Q-BOL の開発責任者 Dr. Peter Bonants の許可を得て掲載しています）

平成27年度から，農林水産省委託プロジェクト研究「農林水産分野における気候変動の影響評価及び適応技術の開発」の中で「有害動植物の検出・同定技術の開発」として，農研機構・秋田県立大学・岐阜大学・龍谷大学とのコンソーシアムにより取り組んでいる．わが国にとっての検疫有害動植物や国内未発生の重要病害虫のうち病徴や形態による迅速な同定・識別が困難な，微小害虫とそれが媒介する植物ウイルスや細菌，ウイロイド，植物寄生性線虫，糸状菌，あるいは，温暖化により国内でのまん延の恐れがある病害虫を優先事例として，遺伝子情報に基づく検出同定技術と，そのベースとなる病害虫種の情報の吟味，それら情報のデータベース化による検索システム構築に取り組んでいる．こうした取り組みを，特に専門家が不足する重要病害虫種を中心に拡張し，国内外で得られた情報をデータベースに取り込んでゆくことが，わが国における，国際的な新興リスクへの適応力を高める一助となると考える．この取り組みは，上述した国内既発生の昆虫・植物病原体のデータベースとリンクさせて運用することも念頭に置いて，第4期の農研機構中長期研究計画（平成28年度〜平成32年度）に位置づけて研究を進めており，わが国の植物防疫現場におけるハザードの特定のためのシームレスな検出・同定サービスの基盤の構築を目指している．

植物病害虫の新興リスクの管理の今後に向けて

本稿では，作物病害虫のリスクの考え方から農業を取り巻く環境変動により病害虫の新興リスクが生じるシナリオの構造を提示し，その構造に基づくリスク管理の枠組みを提示した．さらに，その枠組みにおいて，まず必要となる技術的な取組として，新興の病害虫種の検出・同定技術の強化に向けた取組事例を紹介した．リスクアナリシスを進める上では，さらに生態学や疫学などの分析手法の応用も必要であろう．この様な取組の最大の問題は，国内未発生の病害虫種が国内で発生した際のリスク分析に必要な情報を未発生段階でいかに集めるかである．海外の遺伝資源や情報の利用が必須である一方で，名古屋議定書の発効などの研究環境の変動により，海外の病害虫の標本や遺伝子試料の収集が困難になりつつある．情報や遺伝資源を共有できる国際的な体制作り，発生している場所での疫学的・生態学的研究も含めた戦略的な国際共同研究が今後益々重要になってくる

はずである.

　また，リスク管理にとって，リスクの認識の構造上「誰が「目的」を有するステークホルダーか？」が決定的な意味を持つことを繰り返し述べた．農林業は経済活動である以上，純粋に生物科学的な知見だけでリスクを評価することはできず，その社会的・経済的影響の評価手法がきわめて重要である．しかし，これまで，病害虫防除における経済性や経営的な便益を定量的に分析する手法に関する研究例はきわめて少なかった．特に，病害虫管理の経済性評価の基本として，経済的な評価に耐えうる病害虫被害の定量的評価法の開発が作物保護分野には求められている．さらに，気候変動と農業技術の変化，社会・経済環境の変動の予測，リスク情報の利害関係者間の共有をいかに進めるかなど，社会科学的な取り組みも重要である．

　農業環境を巡る大変動時代に適応して，作物病害虫の新興リスクに立ち向かうためには，今後，戦略的な国際共同研究や学際的な取組を一層進める必要が有る．

引用文献

Aylor D. E. 2017. Aerial Dispersal of Pollen and Spores, APS press, St. Paul, 1-418.

Bebber D. P., Ramotowski M. A. and Gurr S., 2013. Crop pests and pathogens move polewards in a warming world. Nature Climate Change. 3:985-988.

Devonshak C. 2012 History of Plant quarantine and use of pest risk analysis, In Plant Pest Risk Analysis, Devonshak C. edited. CABI, Boston. 19-28.

EFSA, 2011. Scientific colloquium on emerging risks in plant health: From plant pest interactions to global change, Scientific Colloquium Summary Report 16, European Food Security Authority, Parma. 1-62.

FAO, 2007. Pest Risk Analysis (PRA) Training Participant Manual (http://www.standardsfacility.org/sites/default/files/STDF_PG_120_PRA_training_manual.pdf). p1-129.

Hulme P. E., 2014. Chapter 1 An introduction to plant biosecurity: Past, present and future. In The handbook of plant biosecurity, Gordh G. and McKirdy S. edited. Springer, NY. 1-25.

環境省，2014．IPCC 第 5 次報告書の概要－第 1 作業部会（自然科学的根拠）－ http://www.env.go.jp/earth/ipcc/5th/pdf/ar5_wg1_overview_presentation.pdf

桐谷圭治・森本信生, 2012. 原色図鑑外来害虫と移入天敵, 梅谷献二 編, 全国農村教育協会, 東京. 105-131.

Kiritani K. and Yamamura K., 2003. Chapter 3 Exotic Insects and their pathways for invasion, *In* Invasive Species, Ruiz G.M. and Carlton J. T. edited. Island press, Washington DC. 44-67.
松村正哉・酒井淳一, 2011. セジロウンカが媒介するイネ南方黒すじ萎縮病（仮称）の発生. 植物防疫 65:244-246.
中村好一, 2002. 基礎から学ぶ楽しい疫学第2版. 医学書院, 東京. 1-238.
日本規格協会 編, 2010. 対訳 ISO31000:2009 リスクマネジメントの国際規格. 財団法人日本規格協会, 東京. 1-181.
小野寺勝重, 2000. 国際標準化時代の実践 FTA 手法, 日科技連. 1-195.
Palm M. E. and Rossman A. Y., 2003. Chapter 2 Invasion pathway of terrestrial plant-inhabiting fungi, *In* Invasive Species, Ruiz G.M. and Carlton J. T. edited. Island press, Washington DC. 31-43.
佐々木真一, 阿部清文, 山下元樹, 井坂正大, 2015. わが国の植物検疫における病害虫リスクアナリシス手法の紹介と実施例. 植物防疫所調査研究報告. 51:49-57.
澤田 守・佐藤正衛・宮武恭一・松本浩一・菅野雅之. 2016. 侵入病害虫に対する国内検疫の経済的評価に関する考察－ケーススタディーに基づく費用便益分析から－. 関東東海北陸農業経営研究 106:53-58.
Secretariat of the IPPC, 2002. International standards for phytosanitary measures No.14, The use of integrated measures in a systems approach for pest risk management. IPPC-FAO, Rome. 1-12.
Secretariat of the IPPC, 2007. International standards for phytosanitary measures No.2, Framework for pest risk analysis. IPPC-FAO, Rome.1-16.
Secretariat of the IPPC, 2015. International standards for phytosanitary measures No.5, Glossary of phytosanitary terms. IPPC-FAO, Rome. 1-34.
寒川一成・渡邊朋也・鶴町昌市, 1988 トビイロウンカの飛来源と海外飛来要因に関する考察. 九病虫研会報. 34:79-82.

第9章
地球環境と食料・農業に関する国際的な科学と社会のコミュニケーション

八木一行

農研機構 農業環境変動研究センター

1. はじめに

　2015年は人類の歴史の中で画期的な年として記録に残されるかもしれない．少なくとも，地球環境と食料・農業の問題に対して，21世紀の中で，大きな節目の年として認識されるはずである．

　2015年12月には，人間活動による地球環境変化の象徴的な指標である大気中の二酸化炭素（CO_2）濃度が，全球の月別平均値で，はじめて400 ppmを超えた．このことは，世界気象機関（WMO）など，いくつかの気象機関による地上観測でも示されていたが，温室効果ガス観測技術衛星「いぶき」（GOSAT）による地表面から大気上端（上空約70 km）までの大気中のCO_2総量の観測から明らかにされた（環境省, 2016）．私が高校生の時の教科書には，大気中CO_2濃度は0.035%（350 ppm）と記されていたと記憶しているが，現在の教科書ではこの数値が書き換えられているに違いない．

　一方，2015年には，地球規模での開発や環境問題に対応する国際的な取り組みが，いくつも節目を迎えた．

　まず，9月にニューヨーク国連本部において開催された「国連持続可能な開発サミット」において，その成果文書として「2030アジェンダ」が採択された（United Nations, 2015）．このアジェンダでは，人間，地球および繁栄のための行動計画

として宣言および目標をかかげ，2000年に採択されたミレニアム開発目標（MDGs）の後継として，17の目標と169のターゲットからなる「持続可能な開発目標（SDGs）」が定められた．これらの目標は2030年の世界のあり方を導こうというもので，貧困・飢餓の撲滅，健康と衛生，経済発展，そして地球環境保全などが含まれている．

12月には，フランス・パリで開催された国連気候変動枠組条約（UNFCCC）の第21回締約国会議（COP21）において，すべての国が協調して温暖化問題に取り組むための仕組みを示した新しい国際条約「パリ協定」が採択された（UNFCCC, 2015）．

さらには，2015年は国連が定めた「国際土壌年」であり，適切な土壌管理が世界各国の経済成長，貧困撲滅，女性の地位向上などの社会経済的な課題を乗り越えていくためにも重要であることが強く認識された．

これらの2015年に実現されたマイルストーンを含め，現在の国際社会においては，科学的知見を集積し，それらのエビデンスを基盤として国際的な対応に向けた判断が行われるようになった．このことを，気候変動対応と土壌保全を例に挙げて示す．

2. 気候変動への対応

(1) パリ協定

2015年12月に採択された「パリ協定」は，その後，世界の温室効果ガス総排出量の55%を占める55か国による締結という発効要件を満たし，採択から1年にも満たない2016年11月に正式に発効した．1998年に採択された「京都議定書」では温室効果ガスの排出削減目標が先進国だけに課せられていたのに対し，「パリ協定」では，参加するすべての国が「各国が決めた貢献（NDC）」と呼ばれる削減目標を作成・提出・維持する義務と，当該削減目標の目的を達成するための国内対策をとる義務を負っている．このことから，世界の気候変動対策は新たなステージを迎えた．

「パリ協定」では，産業革命前からの世界の平均気温の上昇を「2℃未満」に抑える目標が立てられ，さらには「1.5℃未満」を目指すという文書も付け加えられ

た．さらに，「今世紀後半には人間活動による温室効果ガスの排出量を実質的にはゼロにしていく」という長期目標も文書に含まれた．この「実質的にはゼロ」とは，生態系が吸収できる温室効果ガスを差し引いてプラスマイナスゼロになるところに抑えるという意味である．参加国は削減目標を5年ごとに更新し，更新の際にはそれまでの目標よりも高い目標を掲げることが求められる．加えて，目標計画を実効あるものにしていくための資金支援の必要性や各国の取組に対する報告・検証制度の整備などが明記されている．

(2) 気候変動に関する政府間パネル（IPCC）

　この国際的な合意の基盤となったものは，2013～2014年にかけて公表された気候変動に関する政府間パネル（IPCC）第5次評価報告書（AR5）であり，そこで示された新たな研究成果に基づく地球温暖化に関する科学的根拠の最新の知見が，世界の政策決定者とその国際交渉を動かしたに他ならない．IPCCの活動の重要性はそれ以前からも広く認識され，2007年には，「地球温暖化と人類の活動の因果関係を広く知らしめた」ことを評価され，アル・ゴア氏（元アメリカ合衆国副大統領）とともにIPCCにノーベル平和賞が授与された．

　IPCCは，人為起源による気候変化，影響，適応および緩和方策に関し，科学的，技術的，社会経済学的な見地から包括的な評価を行うことを目的として，1988年に国連環境計画（UNEP）と世界気象機関（WMO）により設立された組織である．1990年に公表された第1次評価報告書から，5～6年ごとに，その間に得られた最新の科学的知見をまとめ，評価報告書として公表している．

　IPCCは，すべての参加国に対して開かれた「政府間パネル」という位置づけであり，その活動に関する意思決定は参加各国の代表が出席するIPCC総会において行われる．IPCCでは，ビューロー（議長団）のもとに，3つの作業部会（WG）とインベントリタスクフォース（TFI）を置き，世界の第一線の科学者の協力を得て活動を行っている（図9.1）．各WGは，気候変動に関する科学的知見のうち，WG1が気候システムと気候変化の自然科学的根拠についての評価を，WG2が気候変化に対する社会経済および自然システムの脆弱性，気候変化がもたらす好影響・悪影響，ならびに気候変化への適応のオプションについての評価を，WG3が温室効果ガスの排出削減など気候変化の緩和のオプションについての評価を担

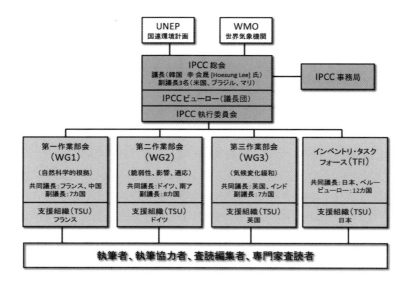

図 9.1 気候変動に関する政府間パネル（IPCC）の組織体制

当している．一方，TFI は温室効果ガスの国別排出目録作成手法の策定，普及および改定を担当し，各国が温室効果ガス排出量の報告（インベントリ）を行うための方法論解説書（IPCC ガイドライン）を公表している．WG 各および TFI のそれぞれに，その活動をサポートする「技術支援ユニット（TSU）」が設置されており，TFI については日本が担当している．

(3) IPCC 第 5 次評価報告書（AR5）

IPCC が公表する評価報告書は，上記の 3 つの WG がそれぞれの担当分野の知見を取りまとめ，気候変動の科学的根拠，影響と適応策，および緩和策の 3 つの分冊として公表される．それに加えて，3 分冊をとりまとめた統合報告書も合わせて公表される．各分冊には，冒頭に，政策決定者向け要約，および技術的要約（統合報告書以外）が置かれている．

2013〜2014 年にかけて公表された AR5 では，その主な結論として，人間活動が 20 世紀半ば以降に観測された温暖化の支配的な要因であった可能性が極めて高い（可能性 95%以上）こと，気候変動を放置すれば人間と生態系に対する深刻

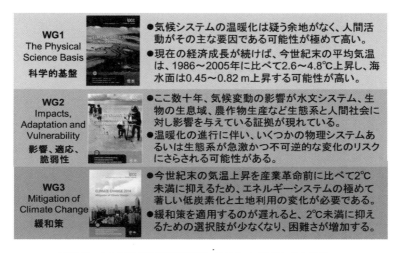

図 9.2 IPCC 第 5 次評価報告書（AR5）の構成と主な結論

で広範，かつ取り返しのつかない影響が及ぶ可能性が高まること，そして気候変動に適応するための選択肢は残されており，厳格な軽減活動を行えば気候変動の影響を対応可能な範囲にとどめることもできることなどが示されている（図9.2）．これらの情報の記載においては，不確実性を含んだ科学的な正確さとともに，情報の受け渡し先が意識され，特に，政策決定のためのわかりやすい表現が用いられている．その例として，WG2報告書に示された気候変動リスクとその低減可能性の評価結果（図9.3），およびWG3に示された土地利用セクターにおける緩和ポテンシャルの評価（図9.4）を示す．

　報告書の内容は，定められた期日までに公表された科学的文献を元に作成される．その際，国際的に入手可能な査読論文が採用の原則となるが，執筆者グループの判断でその他の資料が採用される場合がある．執筆者は各国政府から推薦された科学者を IPCC 事務局にて候補者名簿がとりまとめられ，それをもとに IPCC ビューロー会合にて章ごとに選出される．執筆者には，担当章のとりまとめを行う統括執筆責任者（CLA），CLA とともに担当章の執筆を行う主執筆者（LA），および補助的に協力する執筆協力者（CA）の役割分担がある．さらに，そ

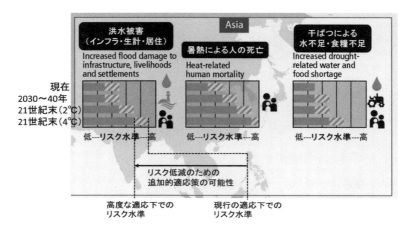

図 9.3 アジアにおける主要な気候変動リスク（IPCC AR5 WG2 報告書の図を改変）

れぞれの担当する章に対する査読コメントが，適切に検討・処理されたかどうかを確認する作業を行う査読編集者（RE）が指名される．AR5 については，日本から 4 名の CLA，21 名の LA，および 5 名の RE が選出された．

　執筆者は，選出後，4 回程度の執筆者会合に出席し，2～3 年をかけて分担して執筆を行う．その間，報告書ドラフトに対して世界中の専門家と政府に対する査読が複数回実施される．各国の科学者は専門家査読者（ER）として，報告書ドラフトを査読し，コメントを提出することができる．執筆者には，提出されたすべてのコメントに対し，何らかの対応が求められる．さらに，報告書の採択を決定する IPCC 総会では，政策決定者向け要約の全文について，数日間かけて，文章ごとにその採択が検討される．AR5 では，80 カ国以上の 830 人を超える CLA および LA が，1,000 人を超える CA の支援を受け，3 万件を超える学術論文を評価し，2,000 人を超える ER と各国政府から提供されたコメントに対応して報告書が作成された．

　このように，IPCC 評価報告書は，その作成決定から 5 年以上の時間をかけ，世界中の数多くの専門家と政府による共同作業を経て公表される．現在，2021～2022 年の公表を目指して作業が開始されている第 6 次評価報告書（AR6）や他

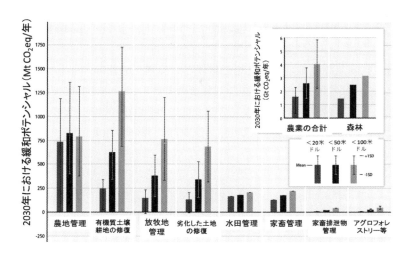

図 9.4 土地利用セクターにおける緩和ポテンシャルの評価
（IPCC AR5 WG3 報告書の図を改変）

の特別報告書と方法論報告書でも同様のプロセスが進められている．過去には，英国の大学から流出した電子メールが温暖化懐疑論者などによって取り上げられた，いわゆる「クライメート・ゲート事件」が報道され，IPCC 評価報告書への不信感が報じられたこともあった（鈴木，2010）．しかし，ここに示すように，IPCC 評価報告書の作成においては，全世界の正当な科学的議論に基づいた気候変動の理解と知識を，一般社会に責任をもって正しく伝えるための最大限の努力が行われていることを理解すべきである．

（4）気候変動に関する他の国際科学ネットワーク

気候変動に関する科学的な知見を社会に向けて発信するための枠組みや国際ネットワークは，IPCC 以外にも数多く立ち上げられている．それらの中で，農業に関係するものを以下に取り上げる．

農業分野の温室効果ガスに関するグローバル・リサーチ・アライアンス（GRA）：
農業分野における温室効果ガス排出量の大幅削減を目指し，各国政府の合意に基づいて 2011 年に設立された国際ネットワークである．GRA は，畜産，農地，水

田，および分野横断の研究グループを構成して国際的な共同研究とその成果の社会実装のための活動を進めている．2017年8月には，つくばで第7回GRA理事会が開催され，日本が議長国に就任している．

短寿命気候汚染物質削減のための気候と大気浄化の国際パートナーシップ（CCAC）：人間活動により増加する物質の中で，大気汚染を通じて健康影響を及ぼし，かつ，地球温暖化をもたらす可能性がある物質（短寿命気候汚染物質：SLCPs）の排出削減を目指している．SLCPsは，具体的には，ブラックカーボン（黒色炭素）・メタン・オゾン・フロンガスの一部を指す．このうち，メタンについては農業分野からの排出が重要であることから，CCAC農業コンポーネントとして，水田および畜産からの排出削減に関するプロジェクトが実施されている．CCACに対しては，日本からも毎年約250万ドルの拠出があり，二国間クレジット制度（JCM）等を活用した途上国における排出削減対策の推進が期待されている．

4/1000イニシアチブ：農地土壌への有機態炭素貯留を増進するための取り組みである．このイニシアチブは「農業や農業土壌が食糧安全保障と気候変動に重要な役割がある」としており，土壌の炭素貯留を促進させることによって，温暖化緩和と持続的農業生産の両方を達成することを目指している．イニシアチブ名にある「4/1000」は，世界の表層土壌中の有機態炭素含量を毎年0.4%増加させることにより，大気中CO_2濃度の増加を抑制できることから名付けられている．

これらのネットワークは，すべて政府間の合意により位置づけられ，各国の研究者が参加して活動を行い，各国政府へ気候変動対応に関する科学的提言を提出することを目的としている．さらに，IPCCや他のネットワークとも相互にパートナーとして位置づけるなど，連携した活動を進めている．

3. 土壌保全の取り組み

(1)「国際土壌年」

土壌は，食料を生産する場であると同時に，農業と生態系の基盤であり，われわれの社会と環境を支える要である．土壌の生態系における主な機能は，多くの場合，地表近くの有機物と養分に富む層に限られており，その厚さは，地球上の

陸地全体で平均すると約 18 cm しかないと言われている（陽, 2015）．この肥沃な土壌が 1 cm 蓄積されるのには，数百年以上という極めて長い年月が必要である．しかし，人類はその文明の曙から，略奪的で破壊的な農業活動により，この貴重な土壌に大きな圧力を与え続けてきた．古代からのさまざまな文明がそうであったように，土壌の崩壊が文明の崩壊であったことを世界の歴史が教えている．そして，このことは，人口が爆発的に増える現代にも，そのまま当てはまる．現在も，世界のいたるところで，肥沃な土壌が，その生成速度をはるかに超えるスピードで失われている．国連食糧農業機関（FAO）は，世界の土壌の 25%が「著しく劣化」しており，「劣化の程度が中程度」だったのは 44%，「改善されている」土壌は 10%に過ぎなかったとする調査報告書を発表している（FAO, 2011）．

このような「土壌の危機」に対応し，土壌の持続的な利用・保全を行うためには，適切な科学的情報の蓄積が不可欠であると同時に，一般の人々（市民，農家，政策決定者等）に，限りある土壌資源についての理解を深めてもらうことが緊急の課題である．このような背景から，2013 年 12 月に開催された国連総会において，2015 年を国際土壌年とする決議文が採択された（日本農学会, 2016）．同時に，12 月 5 日を世界土壌デーとすることも定められた．2014 年 12 月 5 日には，ニューヨークの国連本部，ローマの FAO 本部，およびタイのバンコクで国際土壌年の開始式典が開催され，2015 年 12 月 5 日までの一年間を通して，わが国を含む世界の各地で，土壌を保全するためのさまざまなイベントが開催された．さらに，この活動の重要性に鑑み，国際的な学術団体である国際土壌科学連合（IUSS）では，2015 年から 2024 年までを「国際土壌の 10 年」として，1 年で活動を終えることなく継続することについて決議された．

(2) 地球土壌パートナーシップ（GSP）

「国際土壌年」の活動は，FAO が主導する地球土壌パートナーシップ（GSP）により提案された．GSP は，食料安全保障と気候変化への対応を視野に入れ，地球の限られた資源である土壌の健康的かつ生産的な維持管理を保障するために，世界各国の関係者による国際協力の促進をめざして，2011 年 9 月に立ち上げられた国際パートナーシップである．

GSP は，世界各国の行政機関，研究機関，学術団体，民間団体，国際機関など，

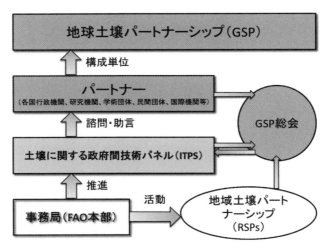

図 9.5 地球土壌パートナーシップ（GSP）の組織体制

さまざまなレベルの加盟パートナーにより組織されている（図 9.5）．我が国からは，FAO 加盟国として自動的にパートナーとなっている日本国政府のほか，（一社）日本土壌肥料学会および日本ペドロジー学会がパートナーとして登録している．GSP の運営は，FAO に事務局を置き，加盟パートナーによる年 1 回の総会で決議が図られる．また，GSP 内に，科学的・技術的諮問および助言を行う 27 名の専門家委員から構成される「土壌に関する政府間技術パネル（ITPS）」が設置されている．ITPS 委員は地域別に定数が割り振られ，アジアからは 5 名が選出されている（日本から 1 名）．ITPS では，GSP の活動のレビューと方向性や戦略の策定が検討されるとともに，「改訂世界土壌憲章」（FAO, 2015）や「世界土壌資源報告書」（FAO and ITPS, 2015；高田ら, 2016）の作成などを主導している．

　GSP の活動は，2012 年 12 月に承認された GSP 活動計画書（ToR）に示された，以下の 5 つのピラー（活動の柱）を中心に推進される．

  1.　【管理】土壌資源の持続的管理の推進
  2.　【啓発・普及】土壌に関する投資，技術協力，施策，教育，普及の奨励

3. 【研究】土壌研究と開発の推進
　　4. 【情報】土壌データと情報システムの整備
　　5. 【標準化】持続的な土壌管理のための調査方法や指標の標準化

　その具体的な活動は，FAO を中心として全世界的に実施されるほか，世界各地域に個別の問題に対して，GSP の下部組織として設置された地域土壌パートナーシップ（RSPs）において実施される．アジア地域については，2012 年 2 月にアジア土壌パートナーシップ（ASP）設立会合が開催され，現在，タイ王国農業・協同組合省土壌開発局にその事務局が設置されている．RSPs は，地域内での目標設定，実施計画の策定および目標到達度のレビューまでを行う．また，RSPs は GSP が掲げるプロジェクトへの参加，地域内の土壌情報の集約および世界標準に合わせるための編集作業，地域内での研究者間の協力体制の構築，地域内での基金や個別テーマ間でのネットワーク形成までを担う．

(3) 世界土壌資源報告書

　これまでの GSP の活動における最大の成果物として，「国際土壌年」であった 2015 年 12 月 5 日の「世界土壌デー」に，FAO と ITPS により「世界土壌資源報告書」が公表された（FAO and ITPS, 2015；高田ら，2016）．この報告書では，世界の土壌資源，土壌の変化を引き起こす要因と状況，土壌変化の影響とその対策について示されるとともに，世界の地域ごとに問題が掘り下げられている（表 9.1）．このことから，土壌が，食料安全保障，適切な水循環，気候の調節，生物多様性の保全，および人間の健康に果たしている機能を明らかにするとともに，現在の人間活動が地球規模での土壌の劣化を引き起こしていることを指摘している．この中で，土壌機能を劣化させている主な問題として 10 の脅威（侵食，有機態炭素の損失，養分不均衡，塩類集積，被覆，生物多様性の低下，化学物質汚染，酸性化，圧密および湛水）が取り上げられている．そして，それぞれの脅威について世界の地域別にその問題の程度やトレンドが評価され，多くの地域で土壌資源の劣化が進んでいることが示されている．そのうえで，「土壌は地球上の生命にとってなくてはならないもの」であり，人類全体の協調による「持続可能な土壌管理」の行動がとられない限り，その状況は悪化することが予測されている（八木，2018）．

表 9.1 「世界土壌資源報告書」の目次

第1部 世界の土壌資源	第4部 地域別評価
1. はじめに	9. サブサハラアフリカ
2. 生態系プロセスにおける土壌の役割	10. アジア
3. 世界の土壌資源	11. ヨーロッパおよびユーラシア
4. 土壌と人間	12. ラテンアメリカおよびカリブ
第2部 土壌変化の要因、状況、および変化傾向	13. 近東および北アフリカ
5. 地球規模の土壌変化を引き起こす要因	13. 北アメリカ
6. 世界の土壌の状態、プロセス、変化傾向	14. 南西太平洋
第3部 土壌変化の影響とその対応	15. 南極大陸
7. 土壌の変化：影響と応答	付録：土壌分類、分布、生態系サービス、用語解説
8. 土壌の変化に対するガバナンスと施策	

　本報告書は，土壌と土壌に関わる問題を地球規模で包括的に評価した初めての報告書であり，IPCC評価報告書と同様，さまざまな環境問題と悪戦苦闘を続ける今の国際社会に対し，科学的見地から示唆を与える貴重な資料である．600ページを超える全体報告書と80ページの要約報告書により構成され，その作成には，世界60ヶ国から200名を超える専門家（日本から10名）が参加し，約2年の期間を費やして精力的な作業が進められた．執筆作業の主体はITPS内に設置された編集委員会が務め，GSPパートナーから推薦された専門家と共に，2,300件を超える学術論文をもとに執筆された．GSPでは，10年後の2015年に，「世界土壌資源報告書」の改訂版を公表する予定としている．

(4) GSPのその他の成果物

　GSPからは，「世界土壌資源報告書」以外に，以下の成果物がこれまでに公表されている．

改訂世界土壌憲章： 1981年にFAOが制定した「世界土壌憲章（World Soil Charter）」が，今日的な地球規模の環境問題への対応も含めて改訂され，あらためて公表された．この憲章では，「世界土壌資源報告書」で明らかにされた土壌劣化の問題と，その対策としての「持続可能な土壌管理」のために，個人，団体，研究者コミュニティ，および各国政府が取るべき行動の原則と指針が簡潔に示されている（FAO, 2015）．

持続可能な土壌管理のための自主ガイドライン：GSPの5つの活動の柱（ピラー）のうちのピラー1「持続可能な土壌資源管理の推進」の一環として作成された．本書は，「改訂世界土壌憲章」と「世界土壌資源報告」を補完するものであり，前者により提起された持続可能な土壌管理に向けた行動の原則を具体的に明示することにより，後者により明らかにされた世界の土壌劣化の脅威を軽減し，食料安全保障や地球環境保全に関する今日の課題克服に寄与することを目的としている．「改訂世界土壌憲章」に示された「持続可能な土壌管理」が定義され，それに必要な行動が具体的に示されている（FAO, 2017a；前島ら, 2018）．

世界土壌有機態炭素マップ（GSOCmap）：世界の土壌の表層0～30 cmに賦存する有機態炭素量を1 kmメッシュ単位で地図化したもので，GSPピラー4の活動である．地球全体の各種土壌情報を統一的に提供する「地球土壌情報システム（GLOSIS）」構築の具体的な一歩とし作成され，2017年12月5日に公表された（FAO, 2017b）．本成果は，IPCCをはじめ，気候変動，砂漠化防止，生物多様性保全に関する政府間パネルからの要請に基づくもので，さまざまな地球規模環境問題ための基盤データとして活用が期待される．土壌有機態炭素量の元データは，各国の担当機関から提供され，GSP事務局とITPSによりとりまとめられた．日本のデータは，農研機構農業環境変動研究センターと森林総合研究所により取りまとめ，提供された（農研機構・森林総研, 2017）．

4．国際的な科学と社会のコミュニケーション

以上示すように，現在進められている気候変動と土壌保全に関する世界的な取り組みに対し，それぞれ，国際的な研究ネットワークであるIPCCとGSP/ITPSが科学的基盤を提供することにより果たす役割は極めて大きなものである．これらの取り組みが実現したのは，UNEPやFAO等の国連の組織や，気候変動や砂漠化防止に関する国際条約に基づく政府間ネットワークから科学者に対する要請があり，それに対して世界の科学者コミュニティが真摯に対応した結果である．

各国政府やその地方自治体が，水質や大気の汚染防止，あるいは開発にともなう自然環境の保全に対し，地域レベルあるいは国レベルで行われる環境影響評価（アセスメント）に基づいて施策や計画を実施することはすでに行われていた．

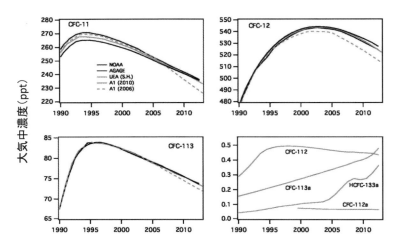

図 9.6 大気中のクロロフルオロカーボンの 1990 年以降の濃度変化
(WMO, 2014 の図を改変)

それが，今日では，地球規模での環境問題に対し，全世界的に科学者と社会が連携を持ち，対応することが求められるようになった．

このような，国際的な科学と社会のコミュニケーションとしての最大の成功例として，「モントリオール議定書」による成層圏オゾン破壊の防止が挙げられる．この取り組みにおいては，1974 年にマリオ・モリーナとシェリー・ローランドが活性化した塩素原子による成層圏でのオゾン分解を指摘（後にノーベル化学賞受賞）したこと（Molina and Rowland, 1974）により研究と国際的な議論が活性化し，世界の研究者によりまとめたられた「オゾン減少に関する科学評価報告書」が WMO と UNEP から公表され（WMO, 1985），1985 年の「オゾン層の保護のためのウィーン条約」と 1987 年の「モントリオール議定書」の採択につながった．すなわち，科学が国際的な環境施策合意への基盤を与えたのである．その結果，拡大し続けていた南極上空のオゾンホールは 2050 年頃に消失すると予測されている．また，成層圏オゾン減少の原因物質であるクロロフルオロカーボン（フロン）も，モントリオール議定書締結を受けた生産規制により，その大気中濃度増加が停止し，減少している傾向が観測されるようになった（図 9.6）．

このオゾン層保護の成功例を手本に，さまざまな地球規模での環境問題に対し，科学を基盤とした国際的な取り組みが次々と進められている（図 9.7）．その中でも，気候変動に対する取り組みは最大規模のものである．IPCC 評価報告書を基盤として，1992 年に「国連気候変動枠組条約」が採択され，その後「京都議定書」と「パリ協定」を締結した気候変動に関する取り組みは，いまや，国際的な最重要課題のひとつとして認識されるようになった．

 生物多様性の問題に対しては，「生物多様性条約（1992 年）」，遺伝子組換え生物等の規制に関する「カルタヘナ議定書（2000 年）」，遺伝資源の提供と利用に関する「名古屋議定書（2010 年）」等は採択されていたもの，総合的な科学的評価の取り組みは遅れていた．しかし，IPCC にならった科学と政策のつながりを強化する政府間のプラットフォームとして，「生物多様性及び生態系サービスに関する政府間科学政策プラットフォーム（IPBES）」が 2012 年に設立された．IPBES では，2017 年に公表された花粉媒介に関する評価報告書をはじめとして，地域別，問題別の評価報告書の作成が行われている．

 土壌保全については，深刻な干ばつと砂漠化に直面する国（特にアフリカの国）

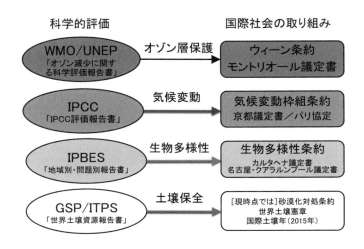

図 9.7 国際的な科学と社会のコミュニケーションの事例

における問題を対象とした「砂漠化対処条約（1994年採択）」はあるものの，土壌劣化の問題に対処する包括的な国際条約は締結されていない．しかし，GSPとITPSによる「世界土壌資源報告書」の公表などの国際土壌年（2015年）の取り組みを契機に，国際的な対応が活性化しつつある．

5．おわりに

IPCC 評価報告書で示される将来の地球の気温の予測では，これからの社会の在り方によって幾つもの異なるシナリオが提供されている（図 9.8）．現在の経済活動がさらに拡大し，温室効果ガス排出に対し緩和策をとらなかった場合として想定されるRCP8.5シナリオでは，2081〜2100年の世界平均地上気温は1986〜2005年平均に対して，2.6〜4.8℃上昇する可能性が高いと予測されている．この場合，生態系や食料生産，さらには私たちの生活全般にわたって，深刻な影響の生ずることが懸念される．一方，エネルギーシステムの極めて著しい低炭素化と土地利用の適正化などの緩和策が的確に実施された場合のRCP2.6シナリオでは，その温度上昇は現在の国際的な目標である「2℃未満」を実現できると予測される．

食料生産に対する同様の将来予測においても，いくつものシナリオによる違い

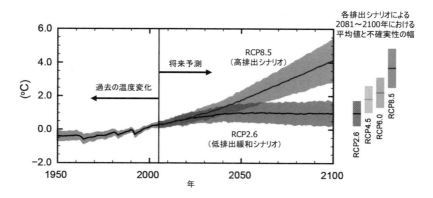

図 9.8 モデルによりシミュレーションされた世界平均地上気温の時系列変化
（IPCC AR5 WG1 報告書の図を改変）

が想定される．その場合，気候変動への対応とは逆に，より高く（多く）をもたらすシナリオを実現する必要がある．世界人口は2013年に72億人を越え，2050年には96億人になると予測されている．この人口増加予測と，肉食の増加などの食習慣の変化を基に世界の食料需要を推定すると，2050年には2010年と比較して40%～70%の食料生産増加が必要であることが分かる．そのためには，これまでの農業技術をさらに発展させ，単位面積あたりの作物収量（単収）を増大させる必要がある．しかし，農業資材の投入量を増加させて食料生産性を上げるという従来の戦略には問題がある．なぜなら，温室効果ガスの排出増加，資源の枯渇および安価な水資源の減少などが起こるからである．すなわち，食料生産に対する挑戦は，農業技術の発展に加え，土壌に代表される環境保全や気候変動への対応など，より複雑で困難なものであることが予想される．

　これらの環境と食料・農業を予測する複数の将来シナリオのうち，どのシナリオに沿った未来が訪れるか，どの程度望ましいものを実現できるかどうかに対し，科学と社会のコミュニケーションはますますその重要性を増すことになるであろう．そのための国際的な科学者ネットワークは活動をさらに活性化しており，科学者の活動の場は大きく広がっている．

引用文献

FAO 2011. The State of the World's Land and Water Resources for food and agriculture (SOLAW).– Managing systems at risk. FAO, Rome and Earthscan, London.
FAO 2015. Revised World Soil Charter, FAO, Rome, 7 pp.
FAO 2017a. Voluntary Guidelines for Sustainable Soil Management, FAO, Rome, 26 pp.
FAO 2017b. Global Soil Organic Carbon Map, FAO, Rome, 5 pp.
FAO and ITPS 2015. Status of the World's Soil Resources (SWSR) Report, Main Report, 650 pp., and Technical Summary, 94 pp., FAO, Rome.
IPCC 2014. Climate Change 2014: Synthesis Report（他にWG1～3の報告書もある），http://www.ipcc.ch/
環境省 2016. 報道発表資料「全大気平均二酸化炭素濃度が初めて400 ppmを超えました～温室効果ガス観測技術衛星「いぶき」（GOSAT）による観測速報～」，http://www.env.go.jp/press/102550.html（2017年12月28日アクセス）
前島勇治・神山和則・八木一行 2018. 持続可能な土壌管理のための自主ガイドライン（FAO 2017の日本語訳），農環研報, 38:（印刷中）．

陽 捷行 2015. 18 cm の奇跡. 三五館, 東京, 167 pp.

Molina, M.J., and F.S. Rowland 1974. Stratospheric sink for chlorofluoromethanes: chlorine atom-catalysed destruction of ozone. Nature, 249:810–812.

日本農学会（編） 2016. シリーズ 21 世紀の農学：国際土壌年 2015 と農学研究—社会と命と環境をつなぐ, 養賢堂, 東京, 163 pp.

農研機構・森林総研 2017. プレスリリース「日本全国の土壌有機態炭素地図を作成」, 2017 年 12 月 26 日.

鈴木力英 2010. クライメート・ゲート事件, 地学雑誌, 119:556–561

高田裕介・和穎朗太・赤羽幾子・板橋 直・レオン愛・米村正一郎・白戸康人, 岸本（莫）文紅・長谷川広美・八木一行 2016. 世界土壌資源報告：要約報告書（FAO and ITPS 2015, Technical Summary の日本語訳）, 農環研報, 35:119–153.

UNFCCC 2015. Adoption of the Paris Agreement, http://unfccc.int/resource/docs/2015/cop21/eng/l09r01.pdf（2017 年 12 月 28 日アクセス）

United Nations 2015. Transforming our world: the 2030 Agenda for Sustainable Developmen, http://www.un.org/ga/search/view_doc.asp?symbol=A/70/L.1 （2017 年 12 月 28 日アクセス）

WMO 1985. Atmospheric Ozone 1985, World Meteorological Organization, Global Ozone Research and Monitoring Project—Report No. 16, Geneva.

WMO 2014. Scientific Assessment of Ozone Depletion: 2014, World Meteorological Organization, Global Ozone Research and Monitoring Project—Report No. 55, 416 pp., Geneva.

八木一行 2018. 地球規模での土壌の変化. 木村眞人・南條正巳編, 土壌サイエンス入門 第 2 版, 文永堂出版, 東京, 249–258.

あとがき

西澤直子
日本農学会副会長

　本書は,「大変動時代の食と農」と題して, 2017 年 10 月 14 日に東京大学弥生講堂で開催された日本農学会のシンポジウムにおける講演の内容を改めて書き下ろしていただいたものです．このシンポジウムの趣旨は次のようなものでした.

　「近年, 地球規模での気象異変による食料生産の不安定化, 急増・流動化する世界人口と食料消費構造の変化, 人類の生産活動によって引き起こされる環境問題など, さまざまな環境の変動が, 農業・食料生産を脅かすようになっている. そこで, 本シンポジウムでは, 農・食の生産を脅かす地球規模の環境変動と, その克服・解決を目指した研究の取り組みを紹介し, 大変動時代に農学が果たす役割を考える契機としたい.」

　日本農学会に参集する 50 の加盟学協会の中から, この趣旨に相応しいテーマが提案され, シンポジウムではそれぞれ異なる観点からの 9 題の興味深い講演がなされました.

　よく知られているように, 2015 年 9 月, ニューヨーク国連本部において「国連持続可能な開発サミット」が開催され, その成果文書として「我々の世界を変革する：持続可能な開発のためのアジェンダ」が採択されました. アジェンダでは, 人間, 地球及び繁栄のための行動計画として, 宣言および目標「持続可能な開発目標（SDGs）」が掲げられました. 2016 年 1 月 1 日, 正式に発効した SDGs の 17 の目標の第一番目は, 「あらゆる場所で, あらゆる形態の貧困に終止符を打つ」であり, 第 2 番目には「飢餓に終止符を打ち, 食料の安定確保と栄養状態の改善

を達成するとともに，持続可能な農業を推進する」が挙げられています．また，目標12では「持続可能な消費と生産のパターンを確保する」，目標13では「気候変動とその影響に立ち向かうため，緊急対策を取る」，目標14では「海洋と海洋資源を持続可能な開発に向けて保全し，持続可能な形で利用する」，目標15では「陸上生態系の保護，回復および持続可能な利用の推進，森林の持続可能な管理，砂漠化への対処，土地劣化の阻止および逆転，ならびに生物多様性損失の阻止を図る」が挙げられています．上記以外にもSDGsには，日本農学会に加盟する学協会が取り組んでいる，あるいは更に発展させようとしている多くの内容が含まれており，多岐にわたる農学の分野が世界のために貢献することを期待されていると感じます．

　多数の方に出席いただいたシンポジウムと同様に，本書がこれからの農学を担う若い研究者を始めとして，農学分野の研究者，また広く多くの方々の参考になれば幸いと考えます．

著者プロフィール

敬称略・五十音順

【永西　修（えにし　おさむ）】
　京都大学大学院農学研究科畜産学専攻修了．1986年4月農林水産省農業研究センターに入省後，北陸農業試験場，草地試験場などを経て，現在，国立研究開発法人農業・食品産業技術総合研究機構畜産研究部門企画管理部企画連携室長．専門分野は家畜飼料・栄養学．

【大藤　泰雄（おおとう　やすお）】
　北海道大学大学院農学研究科修士課程修了後，農林水産省農業環境技術研究所，同省東北農業試験場，独立行政法人国際農林水産業研究センター（JIRCAS）等で，菌類媒介性ウイルス病害や虫媒伝染性病害の発生生態や経済的被害解析に関する研究に従事．現在，国立研究開発法人農業・食品産業技術総合研究機構中央農業研究センター病害研究領域リスク解析グループ長．専門分野は植物病理学．

【坂田　賢（さかた　さとし）】
　京都大学大学院農学研究科地域環境科学専攻博士後期課程修了．2010年4月に農研機構採用，農村工学研究所（現農村工学研究部門）配属．現在，国立研究開発法人農業・食品産業技術総合研究機構中央農業研究センター北陸研究拠点．専門分野は農業土木学，灌漑排水学．

【杉浦　俊彦（すぎうら　としひこ）】
　京都大学農学部農学科卒業．1987年農林水産省入省，果樹試験場で気象と果樹生育との関係に関する研究を開始．1997年果樹の生育予測に関する研究で京都大学より博士（農学）を授与される．2001年より果樹の温暖化に関する問題に取り組む．現在は国立研究開発法人農業・食品産業技術総合研究機構果樹茶業研究部門園地環境ユニット長．専門分野は農業気象学，果樹園芸学．

【大丸　裕武（だいまる　ひろむ）】
　北海道大学大学院環境科学研究科修士課程修了．博士（農学）．森林総合研究所東北支所，九州支所などを経て，現在は国立研究開発法人森林研究・整備機構森林総合研究所勤務．専門分野は地形学，災害科学，環境科学．

【中田　英昭（なかた　ひであき）】
　東京大学大学院農学系研究科博士課程修了．農学博士（東京大学）．東京大学海洋研究所助手，助教授．長崎大学水産学部教授を経て，現在，長崎大学名誉教授．専門分野は水産海洋学．

【西澤　直子（にしざわ　なおこ）】
　東京大学大学院農学系研究科博士課程修了．農学博士．東京大学農学部助手，ロックフェラー大研究員などをへて，1997年より東京大学大学院農学生命科学研究科教授．東京大学名誉教授 2009年より石川県立大教授．現在は特任教授．現専門分野は，植物栄養学，植物細胞工学．

【三輪　睿太郎（みわ　えいたろう）】
　東京大学農学部卒業．農業技術研究所，農業環境技術研究所を経て 1997年農林水産技術会議事務局長，2001年（独）農業技術研究機構理事長，2006年東京農業大学総合研究所教授．2007年〜2015年 農林水産省農林水産技術会議会長．専門分野は土壌肥料学．

【八木　一行（やぎ　かずゆき）】
　名古屋大学大学院理学研究科博士前期課程修了．農業環境技術研究所，国際農林水産業研究センターを経て，現在は国立研究開発法人農業・食品産業技術総合研究機構農業環境変動研究センター温暖化研究統括監．専門分野は土壌学，生物地球化学．

【山田　智（やまだ　さとし）】
　明治大学農学部卒業．北海道大学大学院農学研究科博士後期課程修了．JICA短期専門家を経て鳥取大学農学部助手．現在は鳥取大学農学部生命環境農学科国際乾燥地農学コース教授．専門は植物栄養学．

【與語　靖洋（よご　やすひろ）】
　筑波大学大学院農学研究科博士課程修了．日本チバガイキー㈱，農林水産省農業研究センター（独法化で中央農業総合研究センターに改組），農業環境技術研究所を経て，現在は国立研究開発法人農業・食品産業技術総合研究機構農業環境変動研究センター生物多様性研究領域長．専門分野は雑草科学，農薬科学．

Ⓡ ⟨学術著作権協会委託⟩		
2018	2018年4月5日　第1版第1刷発行	
シリーズ21世紀の農学 大変動時代の食と農		
著者との申 し合せによ り検印省略	編著者　日本農学会	
Ⓒ著作権所有	発行者　株式会社　養賢堂 代表者　及川　清	
定価（本体1852円＋税）	印刷者　株式会社　丸井工文社 責任者　今井晋太郎	
発　行　所	〒113-0033 東京都文京区本郷5丁目30番15号 株式 会社 養賢堂　TEL 東京(03) 3814-0911　振替00120 FAX 東京(03) 3812-2615　7-25700 URL http://www.yokendo.com/	
	ISBN978-4-8425-0566-4　C3061	

PRINTED IN JAPAN　　　　製本所　株式会社丸井工文社
本書の無断複写は、著作権法上での例外を除き、禁じられています。本書からの複写許諾は、学術著作権協会（〒107-0052 東京都港区赤坂9-6-41 乃木坂ビル、電話03-3475-5618・ＦＡＸ03-3475-5619）から得てください。